Balkon-Ideen

Hans-Peter Haas

Balkon-Ideen

Die schönsten Pflanzvorschläge einfach zum Nachmachen

blv

Inhalt

Einleitung

Balkonkästen zum Nachgestalten

Kästen voller Blütenträume

Das schönste Freizeitparadies liegt direkt vor der Haustür und bietet Erholung ohne langen Anreisestress. Auch der kleinste Garten, eine Terrasse oder ein Balkon wird mit einfachen Mitteln zur erholsamen Wellness-Oase, zur jederzeit zugänglichen Fitnesszone oder zum gemütlichen Treffpunkt für Freunde und Familie. Die Outdoor-Saison beginnt eigentlich schon im März mit den ersten warmen Sonnenstrahlen und macht nur eine kurze Pause im Winter. Mit den richtigen Pflanzen und Accessoires wird auch Ihr Balkon für ein ganzes Jahr zu einem Ort, an dem man sich rundum wohl fühlen kann.

Bewährtes und Neues

In diesem Buch finden Sie fertige Rezepte zur Balkonkastenbepflanzung. Bewährtes und Neues, für jede Jahreszeit das Passende. Alle Gestaltungsvorschläge haben ihre Bewährungsprobe bereits bestanden und können direkt übernommen werden. Der Großteil der Vorschläge berücksichtigt die Sommerpflanzung, den Standort in praller Sonne bis hin zum schattigen Nordbalkon. Darüber hinaus sind der Nutzkasten sowie die Frühlings- und Herbstbepflanzung wichtige Teilaspekte. Im Praxisteil erhalten Sie wertvolle Hinweise und Tipps zum erfolgreichen Gelingen rund um »Balkonien«.

Alle verwendeten Pflanzenarten sind als Porträt auf der vorderen und hinteren Umschlagklappe abgebildet. Die Frühlings- und Herbstschönheiten sind gesondert auf den letzten Seiten des Buches zusammengefasst. Insgesamt werden 72 bewährte Pflanzenarten, die erstaunlich viele Kombinationsmöglichkeiten eröffnen, vorgestellt.

Bevor Sie mit dem Pflanzen beginnen, machen Sie sich ein genaues Bild von der Lage Ihres Balkons und den tatsächlichen Gegebenheiten. Es ist zu klären, ob die Lichtverhältnisse ausreichen, ob die Pflanzen dem Regen ausgesetzt sind oder starkem Wind. Dies sind vorab wichtige Kriterien, um die richtige Pflanzenauswahl zu treffen. Je nach persönlichem Geschmack wählen Sie Ihre bevorzugte Farbkombination: Ton in Ton, bunt oder in starken Kontrasten. Erlaubt ist, was gefällt!

Geschickt kombiniert, erzielen Sie pfiffige Effekte. Lassen Sie Ihrer Fantasie freien Lauf, gestalten Sie mit uns gemeinsam Ihren Balkonkasten.

Erst mit Blumen wird der Balkon oder die Terrasse zu einer echten Wohlfühl-Oase.

Der Gute-Laune-Macher

Diesem fantastischen Blütenmeer aus Orange mit roten und gelben Farbtupfern kann man einfach nicht widerstehen. Das ausgelassene Spiel mit den warmen Farben weckt die pure Lebensfreude und verbreitet gute Laune. Eigentlich eine sehr schöne Möglichkeit, den Sorgen des Alltags, zumindest für eine gewisse Zeit, zu entfliehen.

Die Sympathieträger

Freundlich lacht die Kapuzinerkresse vom Balkon. Ganz unbewusst gewinnt sie allein durch ihre Ausstrahlung alle Sympathien. Die Mittagsblume öffnet ganz weit ihre großen orangen Blüten. Das zauberhafte Kapkörbchen zieht, wie selbstverständlich, alle Blicke auf sich. Zusammen mit den Zinnien entsteht eine angenehme Stimmung, bei der man sich sofort wohl fühlen muss. Wirklich komplett wird diese fröhliche Blütengesellschaft erst mit dem roten Tabak und der gelben Nachtkerze.

Was Sie brauchen

1. 2 x Kapkörbchen *(Osteospermum ecklonis)* 'Orange Symphony', orange
2. 1 x Ziertabak *(Nicotiana × sanderae)* 'Tuxedo Rot', rot
3. 2 x Zinnie *(Zinnia angustifolia)* 'Classic', orange
4. 1 x Nachtkerze *(Oenothera fruticosa)* 'African Sun', gelb
5. 2 x Mittagsblume *(Gazania*-Hybriden 'Czardas Orange', orange
6. 2 x Kapuzinerkresse (*Tropaeolum majus)* 'Alaska', orange-gelb

Wie Sie pflanzen

Dieser Blumenkasten wird vorwiegend in orange gepflanzt. Die »Zutaten« dafür sind zwei Pflanzen vom Kapkörbchen, zwei von der Kapuzinerkresse, zwei Mittagsblumen und zwei Zinnien. Die Anzahl der Pflanzen deutet bereits darauf hin, dass in strenger Symmetrie gepflanzt werden soll. Auf der Symmetrieachse sitzen der Tabak und die Nachtkerze.

Wie ein Fels in der Brandung erhebt sich der rote **Ziertabak** aus der hinteren Reihe. Dort dient er der optischen Orientierung und gestattet den niedrigeren Pflanzen, sich anzulehnen. Dies nutzen die schlanken **Zinnien** gerne und fühlen sich sichtlich wohl. Die zierlichen Dauerblüher erweisen sich als erstaunlich regenfest und produzieren Blüten bis zum ersten Frost.

Daneben finden die **Kapkörbchen** ausreichend Platz, um sich in voller Pracht zu entwickeln. Die Symphony-Sorten sind äußerst bemerkenswerte Neuzüchtungen, die ohne Pause unermüdlich blühen. Neuerdings sind neben Orange und Gelb auch noch andere Farben verfügbar.

In der Pflanzreihe davor findet die gelbe **Nachtkerze** ihren Lieblingsplatz, um sich weit nach vorne zu lehnen. Die zitronengelben Blüten werden sich nicht nur in der Nacht, sondern auch tagsüber in ihrer ganzen Schönheit zeigen.

Pflanzplan zu Seite 8/9 für einen Kasten mit 100 cm Länge und 20 cm Breite.

Für die **Mittagsblumen** ist der Platz daneben reserviert. Am besten leicht nach hinten versetzt gepflanzt, um den Kontakt zu den Zinnien und vor allem zum Tabak zu erhalten. Auf diese Art und Weise wird der Übergang zwischen den Pflanzreihen sehr gut gefunden und es ergibt sich ein harmonisches Gesamtbild.

Der **Kapuzinerkresse** bleibt der vordere Kastenrand. Ganz außen gepflanzt, werden sie zunächst noch aufrecht wachsen, aber schon bald den Wuchscharakter einer Hängepflanze annehmen und übermütig über den Kastenrand springen.

TIPP

Bei der Sortenwahl von *Nicotiana × sanderae* nur solche wählen, die nicht höher als 50 cm werden.

Wie Sie pflegen

Der **Ziertabak** blüht ohne viel Pflegeaufwand zuverlässig von Mai bis in den Spätherbst. Nach dem ersten Blühhöhepunkt meist im Juli sollte man sich aber dennoch die Zeit nehmen, um die verblühten Blüten abzunehmen. Der Tabak dankt es mit einem neuen kräftigen Blütenschub.

Die einfach blühenden **Zinnien** sind im Gegensatz zu ihren gefüllt blühenden Schwestern ausgesprochen regenfest. Aber auch hier lohnt es sich, die abgeblühten Blumen zu entfernen, um die Samenbildung zu unterbinden.

Unsere verwendeten Sorten der **Kapkörbchen** sind echte Frühblüher ohne die sonst üblichen »Sommerpausen«. Hier unterscheidet sich die Symphonie-Serie ganz erheblich von ihren Verwandten. Kapkörbchen sind, wie auch die Mittagsblumen richtige »Schlafmützen« und »Langschläfer«. Erst wenn die Sonne die »Nase kitzelt«, erwachen sie von der Nachtruhe und öffnen ihre Blüten. Also, nach Möglichkeit den Balkonkasten zur Morgensonne hin ausrichten, damit sie nicht den ganzen Morgen verschlafen.

Die **Mittagsblumen** sind pflegeleichte Zeitgenossen. Trotzdem ab und zu eine Schere zur Hand nehmen und verblühte Blumen ausschneiden, das erhält den optischen Glanz und forciert das Nachblühen.

Orange und Blau demonstrieren hier wieder einmal die fantastische Wirkung von Komplementärfarben.

Die **Nachtkerzen** und die **Kapuzinerkresse** sind die Pflanzenarten in diesem Balkonkasten, die erfreulicherweise ganz ohne individuelle Pflegemaßnahmen auskommen. Wenn möglich sollte man sich bei der Düngung der Kapuzinerkresse auf seinen persönlichen »grünen Daumen« verlassen. Hungrige Pflanzen produzieren Blüten über Blüten. Stark gedüngte Pflanzen präsentieren sich kräftig grün und mastig, aber die Blühfreudigkeit lässt merklich nach. Wünschenswert wäre das ausgewogene Mittelmaß, Fingerspitzengefühl eben.

Was Sie auch nehmen können

Statt 6 ***Tropeaolum majus*** **'Alaska', orange-gelb, oder 'Red Wonder', rot; beide sind besonders empfehlenswert.**

Ein Kompliment an den Sommer

Dieser Blütencocktail aus Gelb, Orange und Rot ist wie eine Liebeserklärung an den Sommer. Warm, farbenfroh und hell leuchtend zeigt sich diese Jahreszeit von ihrer allerschönsten Seite. Die Schwarzäugige Susanne klettert ausgelassen am Bambusrohr empor und lacht vergnügt aus großen orangen Blütenaugen. Die Chinanelke scheint total fasziniert zu sein vom mutigen Kletterer und schielt mit hochrotem Gesicht nach oben. Die Mittagsblumen öffnen neugierig ihre großen orangen Blütenkelche und würden auch gerne die überragende Aussicht genießen.

Einfach aussergewöhnlich

Der Zweizahn geht da eher seine eigenen Wege. Wie ein großer gelber Blütenball will er über den Kastenrand hinwegrollen. Das Sahnehäubchen ist dieses Mal der Elfenspiegel. Wie ein purpurrotes Herz geformt, leuchten seine Traubenblüten aus der großen Pracht.

Was Sie brauchen

1. **1 x Schwarzäugige Susanne *(Thunbergia alata)*, orange**
2. **2 x Chinanelke *(Dianthus chinensis)* 'Telstar Purple Picotee', rot**
3. **2 x Mittagsblume (*Gazania*-Hybriden) 'Kiss Orange', orange**
4. **2 x Zweizahn (*Bidens ferulifolia*) Solaire 'Star', gelb**
5. **1 x Nemesie *(Nemesia strumosa)* 'Cranberry', rot**

1
2
2
3
3
4
4
5

Wie Sie pflanzen

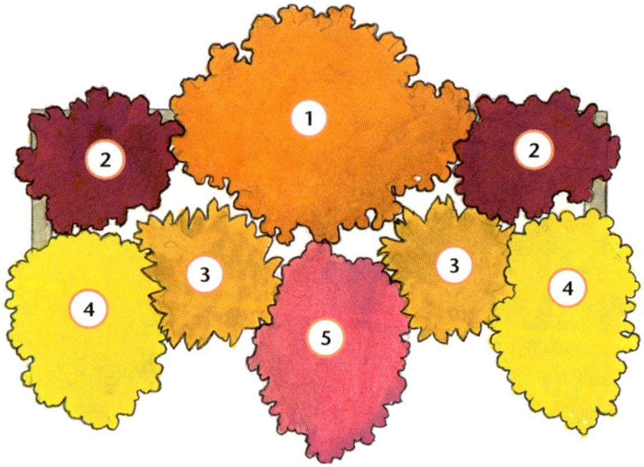

Pflanzplan zu Seite 12/13 für einen Kasten mit 100 cm Länge und 20 cm Breite.

Eine Kletterpflanze im Balkonkasten ist nicht alltäglich und vielleicht deshalb der besondere Blickfang. Schon aufgrund ihres Wachstums wird die **Schwarzäugige Susanne** zur dominanten Leitpflanze. Zentral in der hinteren Reihe gepflanzt, ist sie in diesem Balkonkasten der absolute Superstar. Eine Kletterhilfe ist in jedem Fall anzuraten. In unserem Pflanzvorschlag sind es Bambusstäbe, die diese Aufgabe bestens erfüllen. Es gibt aber auch noch eine ganze Reihe von anderen Möglichkeiten, zum Beispiel es künstlerisch gebundene Weidenruten, Schnurgeflechte oder Metallgitterstäbe. Der Fantasie sind dabei keine Grenzen gesetzt.

Weitere Hauptdarsteller in diesem Blumenarrangement sind die purpurroten **Chinanelken**. Die zierlichen Nelken werden ganz außen gepflanzt und verdienen eigentlich stärkere Beachtung. Die Vielzahl der Sorten ist buschig verzweigt und die fantastischen Blüten erscheinen ausdauernd bis in die kalte Jahreszeit.

Die **Mittagsblumen** werden in den Pflanzlücken der vorderen und hinteren Reihe gesetzt und erfüllen damit wichtige gestalterische Aufgaben. Einerseits unterstützen sie das dominante Orange der Schwarzäugigen Susanne in der Grundhaltung, andererseits schaffen sie den Übergang zur vorderen Pflanzreihe und geben dem aktiven Zweizahn ausreichend Möglichkeiten sich zu entwickeln.

Besonders beim **Zweizahn** muss auf die Verwendung der richtigen Sorte geachtet werden. Die stark wachsenden Typen neigen allzu gerne dazu, alles zu überwuchern. Nicht umsonst gehört diese Pflanze in ihrer Wildform zu den ungeliebten Unkräutern Südamerikas. Die Sortenbeispiele in unseren Pflanzschemen sind diesbezüglich ausgewählt. Der purpurrote **Elfenspiegel** in der vorderen Mitte korrespondiert mit den diagonal versetzt gepflanzten Nelken. Im Laufe des Sommers füllt sich ein faszinierendes samtiges Blütenpolster.

Wie Sie pflegen

Die **Schwarzäugige Susanne** ist ein überaus anspruchsloser Kletterer. Der ideale Standort für Thunbergien ist warm, hell und etwas windgeschützt. Bei regelmäßiger Wasser- und Düngerversorgung werden sie nimmer müde, den Weg nach oben zu suchen. Darüber hinaus sind die neuen stecklingsvermehrten Sorten besonders wüchsig und attraktiv. Die jährliche Wuchsleistung kann bis zu zwei Meter betragen. Da passiert es schon mal, dass die Kletterhilfe nachgebessert und verlängert werden muss.
Die **Chinanelken** bevorzugen ausreichend Nährstoffe und Wasser, aber keine Staunässe. Um sich solche unliebsamen Überraschungen zu ersparen, empfiehlt es sich, den Wasserüberlauf am Balkonkasten ab und an zu kontrollieren.
Nach dem Blühhöhepunkt im Juli sollten Sie nicht zögern, die ersten verblühten Blumen auszuschneiden, um einen neuen Blütenflor einzuleiten.
Die restlichen Arten benötigen erfreulicherweise wenig Pflege. Der **Zweizahn** ist bekannt dafür, dass er selbständig auf sein Äußeres achtet. Die verblühten Blumen werden kurzerhand überwachsen und man hat nie den Eindruck, dass er eine Putzhilfe bräuchte. Dies könnte sich schlagartig ändern, wenn die Pflanzen für längere Zeit trocken stehen. Blüten und andere Pflanzenteile leiden darunter und die Regenerationsphase beansprucht erfahrungsgemäß Zeit. Besonders in voller Sonne erspart eine automatische Bewässerung viel routinemäßigen Pflegeaufwand und wirkt aus dieser Sichtweise qualitätserhaltend. ie **Mittagsblumen** lieben ein möglichst helles und sonniges Plätzchen und freuen sich schon aus optischen Gründen, wenn verblühte Blüten am Stielgrund abgeschnitten werden. Der **Elfenspiegel** erscheint zerbrechlich, aber weit gefehlt. Wenn er einmal seine sensible Jugendphase überstanden hat, erweist er sich als echte Bereicherung für die Balkongesellschaft.

Öfter 'mal was Neues – auch blühende Kletterpflanzen wie die Schwarzäugige Susanne sind ein besonderer Blickfang im Balkonkasten.

Blütenfaszination in Gelb und Blau

In diesem Blütenmix setzen Farbe und Form die spannungsreichen Gegensätze. Die blauvioletten Blütenkerzen des Mehlsalbeis umrahmen die goldgelben Strauchmargeriten. Die blauen »Fächerblüten« der *Scaevola saligna* greifen nach den gelben Blütensternen des Zweizahns. Der Gauchheil entfacht ein faszinierendes königsblaues Blütenmeer und versprüht darüber hinaus Charme und noble Eleganz.

Traumpartner gesucht

Diese leuchtstarke Pflanzidee ist die klassische Umsetzung der Farbenlehre. Das Erfolgsduo sind die Komplementärfarben Violett und Gelb, die sich im klassischen Farbkreis genau gegenüberstehen und immer bestrebt sein werden, sich gegenseitig zu übertreffen. Auch andere Traumpartner finden sich so scheinbar ganz von alleine.

Was Sie brauchen

1. 3 x Mehlsalbei *(Salvia farinacea)* 'Viktoria', blau
2. 2 x Strauchmargerite *(Argyranthemum frutescens)* 'Butterfly', gelb
3. 1 x Gauchheil *(Anagallis monellii)* 'Skylover', königsblau
4. 2 x Blaue Fächerblume *(Scaevola saligna)* 'Saphira', blau
5. 2 x Zweizahn *(Bidens ferulifolia)* Solaire 'Compact', gelb

Wie Sie pflanzen

Pflanzplan zu Seite 16/17 für einen Kasten mit 100 cm Länge und 20 cm Breite.

Für diese Pflanzkombination sind insgesamt fünf Arten vorgesehen, die sich in den Blütenfarben hervorragend ergänzen. In der hinteren Reihe stehen die buschigen **Strauchmargeriten**. Der goldgelben Sorte 'Butterfly' könnte man durchaus das Prädikat »zuverlässig, bestens bewährt« verleihen. Willig verzweigend und überaus reich blühend, gehört sie schon fast zu den Balkonklassikern. Grazil und schlank im Vergleich dazu schieben die S**alvien** ihre tiefblauen Blütenkerzen zwischen den gelben Margeritenblüten nach oben und sorgen für den richtigen Rahmen. Dabei erweisen sie sich als äußerst robust und wetterfest. Selbst Wind und Sturm können dem Mehlsalbei kaum etwas anhaben.

Am Rande der vorderen Reihe wird die blaue **Fächerblume** gepflanzt. Die zahlreichen Seitentriebe wachsen schnell über den Kastenrand und übernehmen schon bald die Funktion einer Hängepflanze. In jeder Blattachsel werden unentwegt neue Blüten gebildet. Also, am besten die Pflanzen schön bei »Laune halten« und man kann bald ein »blaues Wunder« erleben. Die neuen Sorten erweisen sich erfreulicherweise als noch kompakter und produzieren deshalb weniger ungeliebte »Peitschentriebe«. Die Sorte 'Saphira' erfüllt diese Eigenschaft besonders zuverlässig.

Zwei ***Bidens***-Pflanzen im Balkonkasten sind mengenmäßig fast schon zu viel, aber dann doch der erhoffte »Augenschmaus«. Freilich kann das überschwängliche Wachstum des Zweizahns zur Plage werden, aber bei der richtigen Sortenwahl reduziert sich diese Sorge mittlerweile erheblich. Auch der **Gauchheil** wird sich deshalb nicht davon abbringen lassen, seine faszinierenden Blüten zu öffnen und den Betrachter immer wieder zum Staunen zu bringen. Die warmen und langen Sommertage weben wahre Blütenteppiche in faszinierendem Königsblau.

Wie Sie pflegen

Die Schönheit der **Strauchmargeriten** steht und fällt mit dem richtigen Standort und der Pflege. Liebend gerne stehen sie an einem warmen und hellen Plätzchen, bevorzugt in der prallen Sonne. Damit dies stressfrei ablaufen kann, darf die Bewässerung und vor allem die Düngung nicht vernachlässigt werden. Am liebsten würden sie mit jedem Gießvorgang etwas Nahrung erhalten. Trockenheit verzeihen die Pflanzen nur in Ausnahmefällen, und es bedarf schon einigen Geschick, um die Pflanzen wieder aufzurichten. Abgeblühte Blumen sind schon aus ästhetischen Gründen zu entfernen, aber auch um die ganze Pflanzenkraft für neue Blütenflore zu erhalten. Leider werden die gelben **Strauchmargeriten** liebend gern von der Minierfliege befallen, optisch erkennbar an den gelblichen »Fraßgängen« in den Blättern. Schon mit dem ersten Befall sind Pflanzenschutz-Maßnahmen zu ergreifen, zum Beispiel mit »Lizitan«-Stäbchen, ansonsten ist die Gartenmargerite ernsthaft gefährdet.
Der **Mehlsalbei** bleibt diesbezüglich eher verschont, wird aber von Läusen geliebt. Auch hier helfen »Lizitan«-Stäbchen. Schon bei der Bepflanzung sollte darauf geachtet werden, dass der Mehlsalbei gestutzt wird, um den buschigen Aufbau zu erhalten.

Sommerliche Blütenpracht in kräftigen Farben sind immer ein Hingucker.

Die blaue **Fächerblume** bevorzugt eine schwach saure Pflanzerde. Damit sind sie besonders wüchsig und der häufig beobachtete Eisenmangel (gelbe Blattaufhellungen) tritt nicht auf. Der Eisendünger »Optifer« kann hier wieder einmal wertvolle Dienste leisten.
Der **Zweizahn** benötigt abgesehen von ausreichender Bewässerung keine spezielle Pflege. Er gehört zu den so genannten selbstreinigenden Pflanzen und präsentiert sich so immer äußerst attraktiv.
Der **Gauchheil** lässt sich mit den ersten Blüten zunächst sehr viel Zeit. Aber ab Mitte Mai ändert sich dies grundlegend und die Pflanze zeigt auch ohne besonderen Pflegeaufwand ihre wirklich makellose Schönheit.

Die Magie der Blüten

In romantischer Stimmung präsentiert sich hier der Sommer. Rosa und Weiß verschmelzen zu einem zauberhaften Blütentraum. Im sanften Gleichklang entsteht eine dezente Fernwirkung, die nie langweilig wird. Dafür sorgen schon die vielen Arten mit ihren verschiedenen Blütenformen und Farbschattierungen.
Die weißen Strauchmargeriten und die rosafarbenen Kapkörbchen geben den optischen Halt. Gemeinsam übernehmen sie in diesem Sommerarrangement eine Leitfunktion.

Harmonie im Gleichklang

Sensationell sind die Blütenfarben der neuen Verbenen-Generation. Kompakt, lässig über den Blumenkasten lehnend, sind sie besonders ausdauernde Sommerblüher. Das großblumige »Schneeflöckchen« nimmt zarte Bande auf zum rosafarbenen Elfensporn und hier entsteht wohl mehr als nur eine kleine Liebelei.

Was Sie brauchen

1 **2 x Kapkörbchen *(Osteospermum ecklonis)* 'Jamboana 'Purple', pink**

2 2 x Strauchmargerite *(Argyranthemum frutescens)* 'Weißer Star', weiß

3 2 x Eisenkraut *(Verbena*-Hybriden*)* Lascar 'Hot Rose', altrosa

4 2 x Schneeflockenblume *(Sutera grandiflora)* Cabana 'Trailing White', weiß

5 1 x Elfenspiegel *(Diascia*-Hybriden) Genta 'Pink', rosa

Wie Sie pflanzen

Pflanzplan zu Seite 20/21 für einen Kasten mit 100 cm Länge und 20 cm Breite.

Rosa und Weiß sind die bevorzugten Blütenfarben der verwendeten Pflanzenarten. Die weiße **Strauchmargerite** nimmt ohne Zweifel eine ganz zentrale Stellung ein. Zuverlässig blühend, verbinden diese Pflanzen alle Eigenschaften, die Leitpflanzen erfüllen sollten. Im vorliegenden Pflanzbeispiel werden zwei Strauchmargeriten nebeneinander in die hintere Reihe gesetzt.

Seitlich daneben stehen rosafarbene **Kapkörbchen**, die sich anschicken, die Blühleistung der Strauchmargeriten zu erreichen. Die Chancen dafür stehen sehr gut, weil die modernen Sorten nunmehr ohne Kühlphase auskommen, um Blüten anzulegen. Die sommerlichen Blühpausen sind damit Vergangenheit und empfehlen die Kapkörbchen als idealen Partner, zum Beispiel für die Strauchmargeriten.

Am Ende der vorderen Reihe wird das **Eisenkraut** gesetzt, das im Blumenbeet als Bodendecker verwendet wird, aber hier als Hängepflanze fungiert. Die vorgeschlagene Sorte Lascar 'Hot Rose' hat schon in vieler Hinsicht überzeugt. Diese Sorte besticht nicht nur durch ihre Reichblütigkeit, sondern auch durch ihre außerordentliche Blütenfarbe und große Leuchtkraft.

In der Mitte der vorderen Reihe findet der **Elfensporn** seinen Platz. Zunächst noch aufrecht wachsend, werden die Seitentriebe bald überhängende rosafarbene Blütenkissen bilden. Die dicht besetzten Blütenrispen sind erstaunlich widerstandsfähig und haltbar, auch bei ungünstiger Wetterlage. Der Elfensporn bevorzugt warme, sonnige bis halbschattige Pflanzecken. In dieser Gesellschaft fühlt sich auch die **Schneeflockenblume** sehr wohl. Strahlend weiß leuchten die großen »Schneeflöckchen«-Blüten zwischen den rosafarbenen Nachbarn und bilden bis zum Spätherbst reich blühende »Schneewölkchen«. Besonders reizvoll sind die rosa/weißen Farbübergänge, die eine wahrlich liebenswerte Verbindung herstellen.

Wie Sie pflegen

Strauchmargeriten gedeihen besonders üppig an warmen und hellen Standorten. Höchste Ansprüche stellen sie dabei an die Wasser- und Nährstoffversorgung. Nur ausreichend versorgte Pflanzen entwickeln Blüten, scheinbar ohne unterlass. Verblühte Blumen werden abgenommen, um das weitere Wachstum und neue Blüten nicht unnötig zu verzögern.

Das **Kapkörbchen** will gerne von der Morgensonne geweckt werden. Sie motiviert es zum Aufstehen und spontan öffnet es seine äußerst dekorativen Blüten. Bei Regen und Dunkelheit verschließt es diese wieder und macht ein faules Schläfchen. Vielleicht ist dies auch der Grund dafür, dass die Blüten sehr entspannt Wind und Wetter überstehen.

Die Vorzüge der modernen **Verbenen**-Srten bestehen in der frühzeitigen und reichen Blüte ohne jeden »Durchhänger«. Darüber hinaus sind sie erfreulich mehltauresistent, außer bei überdurchschnittlichem Befallsdruck. Wer ohne Chemie auskommen will, kann zumindest darauf achten, dass die Blätter trocken die Nachtruhe antreten. Also, am späten Abend nicht mehr gießen oder zumindest so, dass die Blätter nicht mehr nass werden. Bei natürlicher Taubildung, die naturgemäß im Spätsommer häufiger auftritt, gelingt dies nicht mehr. Im Übrigen sind gut ernährte und gesunde Pflanzen immer widerstandsfähiger gegenüber Pilz- oder Schädlingsbefall als schwache.

Eindrucksvoll kombiniert – sanfte rosafarbene Übergänge sorgen für dezente Farbwirkung.

Die **Schneeflockenblume** und der **Elfensporn** wirken so zart und zerbrechlich, dass man geneigt ist zu vermuten, hier wäre eine sehr aufmerksame und behutsame Pflege notwendig. Weit gefehlt! Die Pflanzen sind durchaus in der Lage, ihre Schönheit bis in den Spätherbst selbstständig zu erhalten. Nur mit den »Extremen« können sie weniger gut umgehen. Vermeiden Sie Trockenheit oder Staunässe und Sie haben viel Freude mit Ihren Lieblingen.

Was Sie auch nehmen können

Statt (1) **je 2 x Elfensporn - *(Diascia* - Hybride) 'Iceberg', weiß, oder 1 x Strauchmargarite *(Argyranthemum frutescens)* 'Summer Melody', rosa**

Ein gelbes Blütenmeer

Zitronenfrisch, jung und unbekümmert wirkt diese Blütenmischung in hellen Gelbtönen. Hier ist die »Tankstelle« für neuen Schwung, mindestens für einen ganzen Tag. Nicht einmal die Schmetterlinge können widerstehen und zählen zu den regelmäßigen Stammgästen.

Der neue Trend

In strahlender Sommerlaune präsentieren sich die Strauchmargariten und die zauberhaften Kapkörbchen. Ihnen zur Seite stehen der Husarenknopf und die ganz neuen Sorten des Elfenspiegels, die nie aufhören zu blühen. Elegant schieben die Aschenranken ihre silbrig glänzenden Blätter durch das gelbe Blütenmeer und geben dem Balkonkasten die vornehme Note. Eine besondere Wirkung erzielen diese Farbkombinationen vor dunklen Hausfassaden oder Balkonbrüstungen und versetzen in allgemeines Erstaunen.

Was Sie brauchen

1. **1 x Strauchmargerite *(Argyranthemum frutescens)* Courtyard 'Primrose Petite', zart primelgelb**
2. **2 x Kapkörbchen *(Osteospermum-ecklonis)* 'Banana Symphony', gelb**

3 2 x Aschenranke *(Helichrysum petiolare)* ‘Mini-Silver’, silbergrün

4 2 x Husarenknopf *(Sanvitalia procumbens)* ‘Lucky Star’, gelb

4 1 x Nemesie *(Nemesia strumosa)* ‘Pinapple’, cremegelbe Mitte

Wie Sie pflanzen

Pflanzplan zu Seite 24/25 für einen Kasten mit 100 cm Länge und 20 cm Breite.

In dieser Pflanzkombination werden bevorzugt Arten mit gelben Farbtönen verwendet. Eine gewisse Leitfunktion übernimmt die **Strauchmargerite**, die mittig in der hinteren Reihe gepflanzt wird. Die Sorte 'Primrose Petite' besticht durch eine Vielzahl von primelgelben Zungenblüten mit dunkelgelber Blütenmitte. Die Sorte verbindet alle guten Eigenschaften der Strauchmargeriten, wächst kompakt und doch breit ausladend. Die Kapkörbchensorte 'Banana Symphony' ist noch ganz neu und ergänzt die vorhandene Serie mit der bananengelben Blütenfarbe. Besonders hervorzuheben ist der dunkelviolette leuchtende Blütenboden. Man könnte meinen, in jeder Blüte sitzt ein Edelstein.

In den freien Pflanzlücken im Kastenzentrum zwischen **Kapkörbchen** und Margerite wird die **Aschenranke** gesetzt. Dort findet diese tolle Strukturpflanze gute Möglichkeiten, ihre grazilen silbrig weißgrünen Triebe in alle Richtungen zu senden. In diesem Fall empfehlen wir, die Sorte 'Mini-Silver' zu verwenden, weil die starkwachsenden Sorten dieser Art zu dominant werden könnten.

Ein Blickfang in der vorderen Reihe sind die Nemesien. Der **Elfenspiegel** (Nemesie) entwickelt unzählige kleine Blüten, die an doldenartigen Trauben sitzen. Farblich wunderbar abgestimmt, schmückt sich die Sorte 'Pinnapple' im hellen cremefarbenen Festtagskleid. Von weitem ist man fast geneigt zu glauben, der kleine »Frechdachs« zeigt dem Betrachter eine gelbe Zunge.

Der **Husarenknopf** findet im vorderen Kasteneck seinen ihm angestammten Lieblingsplatz. Dort fällt es dieser Pflanze besonders leicht, ihre gelben Blütenkissen zu entwickeln und später zur Hängepflanze zu werden.

TIPP

Statt *Helichrysum petiolare* 'Mini-Silver' kann auch der Gundermann oder ein Mottenkönig als Strukturpflanze verwendet werden.

Wie Sie pflegen

Die **Strauchmargeriten** lieben, wie alle anderen Pflanzen in diesem Blumenkasten, einen warmen und sonnigen Standort. Die Grundlage für üppiges Wachstum und reiche Blütenbildung ist, wie so oft, die sorgfältige Pflege. Strauchmargeriten gehören zu den so genannten »Starkzehrern«, also zu den Pflanzen, die reichlich Wasser und vor allem regelmäßig Nahrung für sich einfordern. Nur dann zeigen sie ihren wahren Blütenreichtum. Schon eine kurze Trockenphase kann zum Eintrocknen der Knospen oder dem vorzeitigen Abblühen führen. Danach benötigen die Pflanzen eine gewisse Erholungsphase, bis die gewünschte Attraktivität wieder zurückkehrt. Nicht nur in diesem Fall lohnt es sich, die verblühten Blumen abzusammeln, um die Neuentwicklung der Pflanzen zu beschleunigen.

Die **Kapkörbchen** sind ausdauernde Blüher ohne große Ansprüche. Sie lieben die Sonne und das Licht, nur dann sind sie wirklich motiviert, ihre makellose Schönheit zu zeigen. Bei Regen oder Dunkelheit schließen die Kapkörbchen kurzerhand ihre Blüten, um sie bei Sonne wieder zu öffnen.

Der **Husarenknopf** bevorzugt ebenfalls den hellen Standort. Im Schatten bleiben die Blüten eher verborgen. Die Pflanzen bevorzugen eine ausgeglichene Wasserversorgung, dafür bieten sie bei stressfreiem Wachstum große gelbe Blumenkissen.

Die gelben Nemesien haben hier ihren ganz großen Auftritt.

Die **Nemesien** lieben sonnige bis halbschattige, aber warme Plätzchen. Diese äußerst zerbrechlich wirkende Pflanze ist viel robuster als erwartet. Die Blüten erscheinen von Mai bis zu den ersten Nachtfrösten. Die neuen Sorten setzen erfreulicherweise keinen Samen an, sodass die Haltbarkeit der Einzelblüten deutlich verbessert ist.

Die **Aschenranke** kennt man allen widrigen Wettereinflüssen trotzend als äußerst widerstandsfähige Strukturpflanze. Wenn das Wachstum nicht zu zügeln ist, greift man notfalls zur Schere.

Ein Blumengruß an die Sonne

Diese temperamentvolle Farbzusammenstellung wird einen ganzen Sommer für Furore sorgen. Schon von weitem sichtbar sticht ein Blütenmeer aus Rot und Gelb ins Auge. Es scheint, als ob Blumengrüße um die ganze Welt und weiter bis zur Sonne verschickt werden sollen.

Pure Leuchtkraft

Die feuerroten Pelargonien und Petunien sind zweifellos die Klassiker in diesem Balkonkasten, aber nach wie vor von elektrisierender Schönheit. Besonders im ländlichen Raum schmücken die roten Blütenbänder ganze Fassaden und prägen viele Ortsbilder. Um die bereits bestechende Fernwirkung zu erhöhen, werden zwei neue Partner in diese Pflanzgesellschaft aufgenommen. Es sind dies die leuchtend gelben Pantoffelblumen und der übermütige Zweizahn, die sich wunderbar ergänzen.

Was Sie brauchen

1. **2 x Geranie *(Pelargonium*-Hybriden, Zonale-Gruppe) 'Grand Prix', leuchtend rot**
2. **2 x Pantoffelblume *(Calceolaria integrifolia)* 'Brigra's Elite', gelb**
3. **1 x Petunie *(Petunia*-Hybriden) Jamboree 'Rot', rot**
4. **2 x Zweizahn *(Bidens ferulifolia)* Solaire 'Compact', gelb**

1
1
2
3
4

Wie Sie pflanzen

Bei dieser Pflanzung sollte auf die richtige Sortenwahl geachtet werden. Bekanntlich neigt der **Zweizahn** gerne dazu, das »Kommando« im Blumenkasten zu übernehmen und alles in seinen gelben Bann zu ziehen. Im Balkonkasten werden deshalb generell kompakt wachsende Zweizahn-Sorten gepflanzt. Zusätzlich ist es ratsam, in dieser Konstellation auf besonders robuste und vornehmlich stark wachsende Nachbarpflanzen zu achten, die sich auch während des Sommers kräftig präsentieren. Ganz bewusst sind in unserem Pflanzvorschlag die **Pelargonien**-Sorte 'Grand Prix' und die neue Petunie Jamboree 'Rot' gewählt worden.

Durch die geschickte Anordnung der sieben Einzelpflanzen ist davon auszugehen, dass bereits der Einzelkasten eine gehörige Ausstrahlung besitzt. Mehrere solcher Balkonkästen nebeneinander sind in ihrer Fernwirkung kaum zu übertreffen.

Die Pflanzenanzahl ist in diesem Fall so gewählt, dass zu jedem Zeitpunkt ein außergewöhnlicher Blickfang geboten wird. In der hinteren Pflanzreihe werden zwei **Pantoffelblumen** und zwei stehende Pelargonien gesetzt. Schon bei der Pflanzung sollte darauf geachtet werden, dass alle Arten genügend Abstand zueinander aufweisen, damit sie sich kräftig entwickeln können. In der vorderen Reihe nutzen wir die so genannten »Pflanzlücken« und den Kastenrand, um den Lebensraum für den Zweizahn und die starkwachsende Petunie optimal zu gestalten. Mit diesem kleinen Trick ist gewährleistet, dass alle verwendeten Pflanzen ihr ganzes Potential ausschöpfen können und ein imposantes Gesamtbild ergeben.

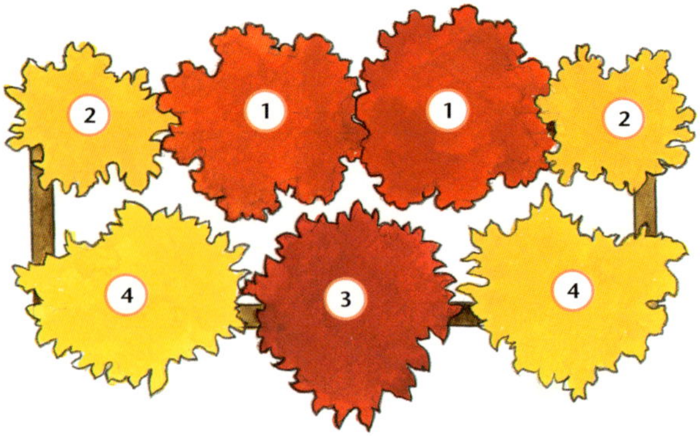

Pflanzplan zu Seite 28/29 für einen Kasten mit 100 cm Länge und 20 cm Breite.

TIPP

Eisenmangel bei Petunien (gelbe Blattaufhellungen) lässt sich durch den Spurennährstoff-Dünger »Optifer« beheben.

Wie Sie pflegen

Besonders die **Pelargonien** und der **Zweizahn** bevorzugen einen Standort in voller Sonne. An schattigen Plätzen lässt die Blühfreudigkeit schnell nach und die gewohnte Blütenpracht geht verloren.
Pelargonien gehören zu den Balkonblumen mit geringem Pflegeaufwand, eigentlich genau richtig für alle, die wenig Zeit aufbringen können. Darüber hinaus sind sie erfreulich trockenheitstolerant, legen aber trotzdem Wert auf ausreichend feuchtes und nährstoffreiches Substrat. Bei sehr »sparsamer« Versorgung lässt die Blütenfülle nach und die Blätter färben sich gelbrötlich. Nach längeren Regenperioden kann Fäulnis an Blüten und Blätter auftreten, deshalb ist gelegentliches Ausputzen der Pflanzen dann doch angebracht, um die Schönheit und vor allem die Gesundheit der Pflanzen zu erhalten.
Die **Petunien** benötigen eine ausreichende Wasser- und Düngerversorgung. Vorzugsweise bietet man Petunien mit jedem Gießen eine geringe Menge Dünger. Auf diese Art und Weise bleiben die Pflanzen ausserordentlich wüchsig und Eisenmangel tritt erst gar nicht auf. Ein Schutz vor Regen ist immer von Vorteil.
Der **Zweizahn** besitzt eine wunderbare selbst reinigende Fähigkeit. Älteren und abgeblühte Blüten werden einfach überwachsen und die

Pelargonien und Petunien sind äußerst zuverlässige Blüher für eine ganze Balkonsaison.

Pflanze präsentiert sich so immer in Topform. Voraussetzung ist allerdings, dass die Pflanzen regelmäßig mit Wasser und Dünger versorgt werden. Ballentrockenheit führt zu Blattvergilbungen und zum Eintrocknen der Blüten.
Die **Pantoffelblumen** sind da schon anspruchsvoller. Sie reagieren auf vorübergehende Staunässe und hohen pH-Wert im Substrat mit chlorotischen Blattaufhellungen, was auf Eisenmangel hindeutet. Entsprechende Eisendünger können diese Symptome wieder beheben. Die Pantoffelblumen wollen eben behütet und umsorgt sein.

Was Sie auch nehmen können

Statt (3) **Für die vordere Pflanzreihe sind die hängende Pelargonien 'Leucht-Cascade' oder eine blaue Petunie ebenfalls sehr gut geeignet, wenngleich sich das Erscheinungsbild des Blumenkastens durch sie grundsätzlich ändert.**

Wellness für die ganze Seele

Mit duftenden Blumenstars und neuen Kombinationen von Rosa bis Blau lassen sich Wellnessoasen zum Träumen schaffen. Der zarte Duft von Vanille liegt in der Luft und lädt ein, die Natur zu inhalieren. Die weichen Farbtöne verschmelzen ineinander und verbreiten eine angenehme Atmosphäre der Ruhe und Ausgeglichenheit. Genau richtig, um zu entspannen und das augenblickliche Wohlbefinden zu genießen.

Ein Märchentraum

An den blauen Heliotrop schmiegen sich die rosa-violettfarbenen Kapkörbchen. Ihre »blauen Sterne« in der Blütenmitte leuchten hoch bis zum Himmel. Während die großen Blüten der Surfinia-Petunien kräftige Akzente setzen, schafft das fliederblaue Männertreu einen wunderbaren farblichen Übergang zur kleinblumigen Petunie inmitten dieser Pracht.

Was Sie brauchen

1. 1 x Vanilleblume *(Heliotropium arborescens)* 'Marine', blau
2. 2 x Kapkörbchen *(Osteospermum ecklonis)* Jamboana 'Purple', pink
3. 2 x Petunie *(Petunia*-Hybriden) Surfinia 'Patio Blue', blau
4. 1 x Petunie *(Petunia*-Hybriden) Tiny Tunia 'Pink', kleinblumig, rosa
5. 2 x Männertreu *(Lobelia erinus)* Laguna 'Lavender Mounding', hellblau

Wie Sie pflanzen

Dieses Pflanzschema berücksichtigt die grandiose Wüchsigkeit der **Surfinia-Petunien**. Eigentlich sollte zweireihig gepflanzt werden, aber in diesem Fall ist es durchaus sinnvoll, die ganze Breite am Kastenende für die Petunien zu reservieren, um die sensationelle Wüchsigkeit und die »Flower-Power« nach vorne und zur Seite hin zu ermöglichen.

Die **Vanilleblume** wird im Laufe des Sommers etwa 40 bis 50 Zentimeter hoch und ist deshalb für die Mitte der hinteren Reihe bestens geeignet. Die tiefvioletten Doldenblüten verbreiten einen intensiven Vanilleduft und locken nicht nur Bienen und Schmetterlinge.

Farblich wunderbar abgestimmt, stehen links und rechts daneben die neuen Sorten der **Kapkörbchen**. Die Jamboana-Sorten benötigen keine Kühlphase, um Blüten bilden zu können. Damit verbunden sind verbesserte Blühleistungen und nahezu grenzenloser Blütenreichtum, auch im heißen Sommer.

Die Züchtungsarbeit hat dem **Männertreu** einen neuen Aufschwung verliehen. Die Pflanzen sind außergewöhnlich frühblühend und besitzen ein hervorragendes Durchblühverhalten. Der Pflanzenaufbau ist zunächst kugelig, wird aber bald in einen halb hängenden Wuchs übergehen.

Die kleinblumige rosafarbene **Petunie** ist mittig in der vorderen Reihe gepflanzt. Diese Sortentypen nehmen wesentlich mehr Rücksicht auf die benachbarten Pflanzen als ihre starkwüchsigen Schwestern und Brüder. Mit ihrem kompakten und überhängenden Wuchs sind sie die perfekten Kombinationspartner in Blumenampeln und bunten Balkonbepflanzungen. Beeindruckend sind die zahllosen Einzelblüten, aus denen wahre Blütenteppiche entstehen.

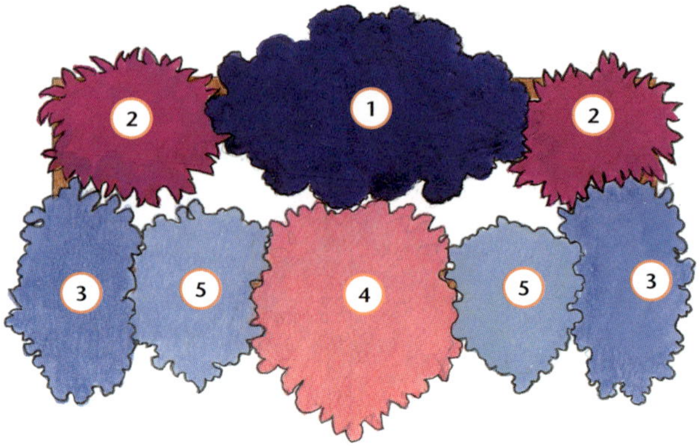

Pflanzplan zu Seite 32/33 für einen Kasten mit 100 cm Länge und 20 cm Breite.

TIPP

Die Vanilleblume lässt sich kühl und hell überwintern und wird gerne im Einzelkübel als Hochstämmchen gezogen.

Wie Sie pflegen

Petunien zählen zu den Klassikern im Balkonkasten. Ihre Sortenvielfalt ist kaum zu überschauen.

»Den Kopf im Feuer und die Füße im Wasser«, diese Regel gilt sehr genau für die **Vanilleblume**. Sonne, Wärme und viel Licht, aber regelmäßige Wasserversorgung, da fühlt sich diese Duftpflanze besonders wohl. Sobald die ersten Blütendolden abblühen, empfiehlt es sich, diese auszuschneiden, um neue kräftige Blütenflore einzuleiten. Dunkle Blattverbräunungen beim Heliotrop sind meist die Folgen von Licht- oder Wassermangel. Zumindest die Wasserversorgung kann mit einem Balkonkasten mit integriertem Wasserspeicher deutlich verbessert werden.

Die modernen Sorten der **Kapkörbchen** benötigen erfreulicher Weise keinen Kältereiz, um Blüten auszubilden. Der Vorteil liegt darin, dass die Blüten besonders früh und ohne erkennbare Blühpause über die ganze Balkonsaison erscheinen. Auch aus optischen Gründen empfiehlt es sich, eingetrocknete oder abgeblühte Blütenstände auszuschneiden.

Die neuen **Petunien-Sorten** sind erstaunlich regen- und wetterfest und darüber hinaus äußerst attraktiv. Nicht umsonst erleben die Petunien eine Renaissance ohnegleichen. Petunien wollen regelmäßig gedüngt und ausreichend mit Wasser versorgt sein. Bestes Wachstum und Blütenreichtum sind zu erzielen, wenn die Pflanzen mit jedem Gießvorgang etwas Nahrung erhalten, zum Beispiel ein halbes Gramm Volldünger mit jedem Liter Gießwasser. Auf diese Art und Weise werden auch Spurennährstoffe im ausreichenden Maße und noch wichtiger der pH-Wert im Substrat im optimalen Bereich gehalten. Eisenmangel kann so erst gar nicht auftreten. Dies gilt für klein- und großblumige Sorten gleichermaßen.

Die **Lobelien** präsentieren sich seit kurzem ebenfalls in einem neuen Licht. Ohne großen Pflegeaufwand öffnen sich Blüten um Blüten. Die neuen Sorten sind zudem enorm hitzebeständig, auch wenn sie vorzugsweise im Halbschatten und auch noch im schattigen Bereich gedeihen.

Ein italienischer Sommernachtstraum

Die flexible Gestaltung von Terrasse und Balkon liegt steil im Trend. Ob Solo oder im Duett und gemeinsam im großen Chor haben die Blütenpflanzen ihren großen Auftritt. Typisch südländisch, mit System oder wahllos aufdrapiert, entsteht eine Blütengala.

Individuell und flexibel

Frischer Zitronen- und süßer Rosenduft erfüllt die Luft. Wie in einem italienischen Sommernachtstraum verwandelt sich die Terrasse in der Stadt zur mediterranen Oase. Alle versammelten Schönheiten entsprechen dem persönlichen Geschmack. Ob als Rarität im Einzeltopf, als Hochstamm oder in der Blumenampel, alles hat seinen ihm zugedachten Platz. Ob unter dem Sonnensegel oder in praller Sonne ein Meer von Blüten lädt uns ein, auf Dolce Vita, auf leckere Pasta oder auf ein Glas Rotwein.

Was Sie brauchen

Geranien-Ecke

(1) **8 x Geranie (*Pelargonium*-Hybriden, Zonale-Gruppe)**
'Rocky Mountain White', weiß
'Grand Prix', leuchtend rot
'Schöne Helena', rosa
'Lulu', burgunderrot
'Vancouver Centennial', scharlach, einfach, sternförmige Blüte, dreifarbiges Laub
'Mrs Pollack', rot, einfache Blüte, dreifarbiges Laub
'Lady Plymouth', weißgrünes Laub Duft nach Rose und Minze
'Orange Fizz', Zitronenduft

In der Blumenampel

(2) **je 1 x Petunie (*Petunia*-Hybriden) Wonder Wave 'Blue', blau und Jamboree 'Burgundy' burgunderrot**

8 1 x Dukatenblume *(Asteriscus maritimus)* 'Gold Dollar', gelb

9 1 x Micky-Maus-Blume *(Cuphea llavea)* 'Torpedo', rot mit dunkelblauer Mitte

Unter dem Sonnensegel:

10 1 x Begonie *(Begonia*-Hybriden) 'Dragon Wings', rot

11 1 x Begonie *(Begonia obliqua)* 'Maribel', rosa, bronzefarbenes Blatt

12 3 x Fleißiges Lieschen *(Impatiens walleriana)* Fiesta Olé 'Stardust', violettrosa
'Cherry', kirschrot
'Peppermint', karminrosa

Ausgesuchte Einzelpflanzen

3 1 x Petunie *(Petunia*-Hybriden) Jamboree 'Red', rot

4 1 x Trichterwinde *(Convolvulus sabatius)* 'Blaue Mauritius', hellblau

5 1 x Blaumeise *(Torenia fournieri)* Summer Wave 'Large Blue', blau

6 1 x Leberbalsam *(Ageratum houstonianum)* Artist 'Basso Purple', lila

7 3 x Strauchmargerite *(Argyranthemum frutescens)*
'Butterfly', gelb
'Summer Melody', rosa
'Maya Bofinger', weiß

Wie Sie pflanzen

Unter dem Sonnensegel finden alle Pflanzen Platz, die den Halbschatten bevorzugen. In erster Linie sind es die gefüllt blühenden **Fleißigen Lieschen**, die sich dort zauberhaft präsentieren. Die beiden **Begonien**-Arten sind besonders imposante Erscheinungen. Die Sorte 'Dragon Wings' entwickelt kräftige flügelartig überhängende Triebe, besetzt mit unzähligen roten Blütentrauben. Im Laufe des Sommers werden diese Arten etwa 50 cm hoch und ebenso breit. Dies gilt auch für die Begonie 'Mirabel', leicht erkennbar am bronzefarbenen Blatt und den weißrosafarbenen Blüten.

Die **Pelargonien**-Sorten bevorzugen eher ein sonniges Plätzchen. Die Sorte 'Rocky Mountain White' ist eine außerordentlich stark wachsende Sorte mit großen weißen Blüten, vergleichbar mit der rot blühenden Sorte 'Grand Prix'. Die 'Schöne Helena' gehört zu den schönsten rosafarbenen Sorten, aber erst gemeinsam mit dem dunklen samtigen Burgunderrot der Sorte 'Lulu' hat sie ihren perfekten Auftritt. Zur Liste der Besonderheiten gehört ebenfalls 'Orange Fizz'. Leider geizt sie mit Blüten, aber ihre Blätter entschädigen mit frischem Zitronenduft. Die Sorte 'Lady Plymouth' versprüht ihren angenehmen Rosen- und Minzeduft. Außergewöhnlich sind die Blattzeichnungen der Sorte 'Mrs Pollack' und 'Vancouver Centennial'.

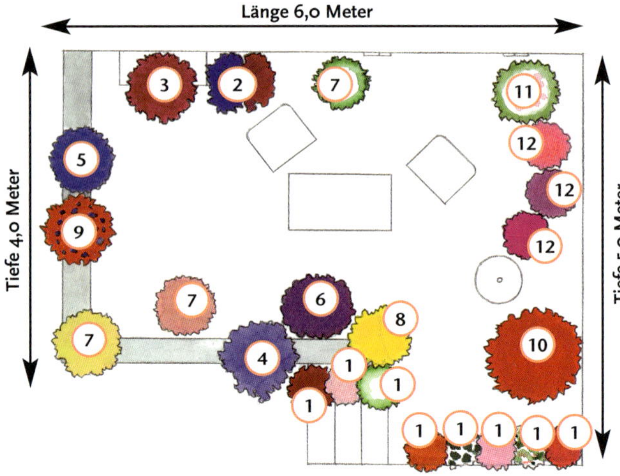

Pflanzplan zur Gestaltung Seite 36/37.

Ein überaus erfolgreiches Duo befindet sich in der Blumenampel. Die beiden **Petunien**-Sorten ergänzen sich wunderbar in den Farben Blau und Burgundrot. Darunter steht im großen Einzeltopf die Sorte Jamboree 'Red'.

Die **Strauchmargeriten** 'Summer Melody', rosa, und 'Butterfly', weiß, finden im großen Einzeltopf ihren Platz. Die gelbe Sorte 'Maya Bofinger' wird sogar mehrjährig als Hochstämmchen gezogen.

Die **Micky-Maus-Blume** und die **Blaumeise** sind absolute Kostbarkeiten. Die **Trichterwinde** nimmt den Weg über die Terrassenbrüstung. Daneben stehen die gelbe **Dukatenblume** und der lilafarbene **Leberbalsam**.

Wie Sie pflegen

Höchste Aufmerksamkeit bei der Pflege von Einzeltöpfen gilt der Wasserversorgung. Im Zweifelsfall sollten die Pflanzen immer in einen großen Topf gepflanzt werden, um den »Versorgungsstress« zu minimieren. Der Übertopf der **Fleißigen Lieschen** dient nicht nur der Zierde, sondern auch als Verdunstungsschutz und Wasserspeicher. Allzu gerne machen sie bei Trockenheit ein trauriges Gesicht und lassen alle Triebe schlapp nach unten hängen.

Die neuen **Begonien** benötigen dringend einen großen Pflanzcontainer (5 Liter), um ihre wahre Wuchsleistung demonstrieren zu können. Beide Sorten, 'Dragon Wings' und 'Mirabel', sind sowohl für den schattigen als auch für den sonnigen Bereich geeignet. Kaum eine andere Balkonpflanze ist so robust und pflegeleicht wie diese beiden Begonienarten.

Die **Pelargonien** sind erfreulich trockenheitstolerant, aber dennoch ist auf ausreichend feuchtes und nährstoffreiches Substrat zu achten. Bei hungrigen Pflanzen lässt die Blühleistung stark nach und die Blätter verfärben sich gelb und rötlich. Sie sollten sie deshalb regelmäßig nachdüngen. Die Pelargonien bevorzugen ein wind- und regengeschütztes Plätzchen. Nach längerer Schlechtwetterperiode empfiehlt es sich, die Pflanzen durchzuputzen, um Fäulnis an den Blüten und Blättern zu vermeiden. Dies gilt besonders für gefüllt blühende Sorten.

Einzelpflanzen im Kübel oder im Einzeltopf lassen sich auf Balkon oder Terrasse immer wieder neu arrangieren.

Die **Petunien** in der Ampel oder im Einzeltopf benötigen reichlich Dünger und Wasser. Am besten mit jedem Gießen ein wenig Nährstoffe mitgeben und die Pflanzen gedeihen vorzüglich. Dies gilt auch für die Gartenmargeriten, die zu den immer hungrigen Pflanzen gehören. Abgeblühte Blüten regelmäßig abnehmen und entfernen, es lohnt sich!

Die **Micky-Maus-Blume** und die **Blaumeise** bevorzugen einen warmen und hellen Standort, Gleiches gilt für die **Trichterwinde**, die **Dukatenblume** und den **Leberbalsam**.

Ein rosaroter Blütentraum im Schatten

Romantisch, zart und im angenehmen Gleichklang vereinen sich hier die Pflanzen für den Schattenplatz. Ton in Ton präsentieren sich die Knollenbegonien und das Fleißige Lieschen. Akzente setzen die bonzefarbenen Blätter der Süßkartoffel und die weiß/rosafarbenen Blütenglöckchen der Fuchsien.

Pink ist in

Jede Pflanze fügt sich harmonisch ins Gesamtbild und erfüllt zuverlässig ihre Aufgaben. Die aufrecht wachsenden Knollenbegonien leuchten mit großen gefüllt blühenden Blütenbällen aus dem Hintergrund. Die Fuchsien und das Fleißige Lieschen wachsen mächtig überhängend und werden eine Blütenfülle erreichen, die ihresgleichen sucht. Die bronzefarbene Süßkartoffel dient als Strukturpflanze und gestaltet einen wunderbar weichen Kontrast zu dem rosaroten Bild.

Was Sie brauchen

1. 2 x Begonie *(Begonia*-Knollenbegonien-Gruppe) 'Nonstop Rosa', rosa
2. 2 x Begonie *(Begonia*-Knollenbegonien-Gruppe) 'Nonstop Apfelblüte', weiß-rosa
3. 2 x Fleißiges Lieschen *(Impatiens walleriana)* Candy 'Zartrosa mit Auge', rosa
4. 1 x Süßkartoffel *(Ipomoea batata)* 'Black Heart', bronzebraunes Blatt
5. 2 x Fuchsie *(Fuchsia*-Hybriden) 'Pats Folly', Kelchblätter pink, Krone lilarosa

   Alternativ: Süßkartoffel *(Ipomoea batata)* 'Marguerite', limonengrünes Blatt

Wie Sie pflanzen

In diesem Blumenkasten werden neun Pflanzen vorwiegend in rosa und weißen Blütenfarben gesetzt. Die hintere Kastenreihe bietet Platz für vier **Knollenbegonien**. In der Mitte sind zwei rosafarbene, außen die apfelblütenfarbenen Sorten geplant. Die Farbübergänge sind perfekt aufeinander abgestimmt. Die hier verwendeten Nonstop-Sorten gehören bereits zu den Klassikern unter den Knollenbegonien. Reichblühend, tief verzweigt, kräftig und widerstandsfähig, gehören sie zum Besten, was das Sortiment zu bieten hat.
In der vorderen Reihe genau in der Mitte des Kastens sitzt die **Süßkartoffel**. Die freien Pflanzlücken zwischen den Knollenbegonien dienen hierbei als Pflanzorientierung. Das bronzefarbene Blatt gestattet einen fantastischen Kontrast zu den Nachbarblumen. Zunächst aufrecht wachsend, wird diese Strukturpflanze später einen hängenden Wuchscharakter annehmen und ihre auffällige Blattform noch stärker zur Geltung bringen. Das **Fleißige Lieschen** wird links und rechts der Süßkartoffel gepflanzt. Kompakt und überaus reichblühend präsentieren sich die beliebten Balkonblumen. Wenn im Herbst viele Balkonblumen schon Adieu sagen, erfreut sich das Fleißige Lieschen immer noch großer Vitalität und genießt in aller Ruhe den »Altweibersommer«.

Pflanzplan zu Seite 40/41 für einen Kasten mit 100 cm Länge und 20 cm Breite.

In unserer Pflanzanordnung erhalten die hängenden **Fuchsien** den Platz, den sie besonders lieben. Am äußeren Rand dürfen sie ihre grazilen Blütentriebe seitlich und nach vorne über den Kastenrand baumeln lassen und dabei ihre ganze Pracht zur Schau stellen. Die bewährte Sorte ‘Pats Folly’ wird fast ohne Pause unzählige pink/rosaviolette Blütenglöckchen hervorbringen. Ohne Zweifel beleben die modernen Züchtungen das große Fuchsiensortiment.

TIPP

Die ‘Shadow Dancer’-Fuchsien sind eine gute Alternative und zeichnen sich durch frühe und reiche Blüte, kompakten Wuchs und kontrastreiche Blütenfarben aus.

Wie Sie pflegen

Im hellen Schatten gedeihen Fuchsien besonders üppig. Sie lassen sich bestens sowohl im Kasten als auch im Kübel und in der Ampel halten.

Für den schattigen Balkonbereich steht die große Pflanzengruppe der **Knollenbegonien** zur Verfügung. Da die Triebe mit zunehmendem Alter windanfällig werden, sollte schon vor der Pflanzung darauf geachtet werden, dass die Pflanzen kompakt und tief verzweigt sind. Die großen gefüllten Blüten sind im Vergleich zu den Pflanzen erstaunlich wetterfest. Trotzdem empfiehlt es sich, verblühte Blumen abzunehmen, um Fäulnispilzen keine Chance zu geben.

Mit Ausnahme weniger Sorten bevorzugen die meisten **Fuchsien**-Sorten den halbschattig bis schattigen Standort. Dünger sollte regelmäßig verabreicht werden. Da Fuchsien salzempfindlich sind, ist ein ausgewogener Mehrnährstoffdünger in niedrigen Konzentrationen empfehlenswert. Ähnlich wie Knollenbegonien lieben Fuchsien eine gleichmäßige Substratfeuchtigkeit. Um Blühpausen im Sommer so kurz wie möglich zu halten, empfiehlt es sich, Verblühtes und Fruchtansätze regelmäßig abzunehmen. Bei dieser Gelegenheit auf Schädlingsbefall achten und notfalls Gegenmaßnahmen einleiten. Nach der Balkonsaison können Fuchsien hell und kühl überwintert werden. In dieser Zeit wird nur sparsam gegossen. Im Frühjahr werden die Triebe gestutzt und die Pflanzen neu angetrieben. Fuchsien sind kälteempfindlich, also bei Frostgefahr rechtzeitig einräumen.

Das **Fleißige Liesche**n bevorzugt den lichten Schatten und entwickelt dort prachtvolle Blüten. Die Grundvoraussetzungen dafür sind eine gleichmäßige Dünger- und Wasserversorgung. Das Fleißige Lieschen ist immer durstig! Bei Trockenheit »schlappen« die Triebe, aber glücklicherweise erholen sie sich mit der nächsten Wassergabe.

Die **Süßkartoffel** ist anspruchslos und somit pflegeleicht. Gelegentliches Düngen und Wässern – mehr ist nicht notwendig!

Strahlende Leuchtkraft für schattige Lagen

Auch auf dem angenehm kühlen Schattenbalkon muss man auf leuchtende Blüten nicht verzichten. Gelb, Apricot und Orange sind weithin sichtbare Signalfarben und verzaubern den Nordbalkon in einen warmen und gern besuchten Sitzplatz.

Licht im Schatten

Großen Anteil daran haben die Knollenbegonien, mit denen eine außergewöhnliche Pflanzengruppe, die vieles zu bieten hat, zur Verfügung steht. Hier sind es die gelb gefüllten 'Nonstop'-Sorten, die in ihrer Leuchtkraft kaum zu überbieten sind. Selbst die eleganten Girlandenbegonien mit den großen gefüllten apricotfarbenen Blüten stehen ihren Schwestern in nichts nach. Die Neuguinea-Impatiens entwickelt große, leuchtend orange Einzelblüten und der Gundermann lässt wie »Rapunzel« seine Blätterpracht bis zum Boden gleiten.

(1) **4 x Begonie *(Begonia*-Knollenbegonien-Gruppe) 'Nonstop Gelb', gelb**

Was Sie brauchen

2 2 x Begonie *(Begonia*-Knollenbegonien-Gruppe, Girlandenbegonie) 'Illumination Apricot', gelb-apricot

3 2 x Fleißiges Lieschen *(Impatiens*-Neuguinea-Hybriden) 'Tango', orange

4 1 x Gundermann *(Glechoma hederacea)*, grün gezeichnetes Blatt

Wie Sie pflanzen

Diese Pflanzenkombination ist in ihrer Farbenpracht nur schwer zu überbieten. In der hinteren Reihe sind die leuchtend gelben **Knollenbegonien** gesetzt. Die vier Pflanzen werden so positioniert, dass am Kastenrand noch etwas Freiraum für die Entwicklung anderer Pflanzen bleibt. Diesen Platz würden nämlich liebend gerne die **Girlandenbegonien** aus der vorderen Reihe mit nutzen, um seitlich den optischen Rahmen stärker mitzugestalten. Die Kombination großer gelber und apricotfarbener Blütenbälle könnte nicht lebhafter sein und ist sicher der Garant dafür, dass dieser Schattenplatz gerne aufgesucht wird. Bei der Pflanzung der Knollenbegonien ist darauf zu achten, dass die Wurzelballen richtig gesetzt werden. Zu hoch gesetzte Pflanzen leiden unter mangelnder Standfestigkeit und chronischem Wassermangel. Der Grund liegt in der hohen Wasserverdunstung auf der Ballenoberfläche. Bei zu tief gesetzten Pflanzen kann Fäulnis am Wurzelhals auftreten. Am besten den Wurzelballen nur leicht mit Erde bedecken.

Besonders große und leuchtende orange Blüten produziert die Sorte 'Tango'. Diese **Neuguinea-Impatiens** ist darüber hinaus äußerst robust und robust und blühfreudig. Die Pflanzen sind über Aussaat vermehrbar und damit auch eine kostengünstige Variante im Vergleich zu den vegetativ vermehrten Sorten. Zwischen den orangen Dauerblühern entwickelt sich der heimische **Gundermann**. Diese interessante Strukturpflanze wächst stark überhängend, ohne die Blütenpflanzen zu beeinträchtigen. Die winterharten Arten verbleiben im Herbst im Kasten und werden mit anderen Pflanzen kombiniert.

Pflanzplan zu Seite 44/45 für einen Kasten mit 100 cm Länge und 20 cm Breite.

TIPP

Statt dem Gundermann können Sie auch eine Süßkartoffel *(Ipomoea batata)* 'Terrace Lime' oder 'Marguerite' mit herzförmigem, leuchtend limonengrünen bzw. bronzebraunem Blatt und rankendem Wuchs verwenden.

Wie Sie pflegen

Begonien bevorzugen ein gleichmäßig feuchtes Pflanzsubstrat. Nur gut, dass die Pflanzen im Schatten stehen, ansonsten würde man wohl kaum mit dem Gießen nachkommen. Wenn möglich, bietet man den **Knollenbegonien** Windschutz. Vor allem mit zunehmendem Alter und Pflanzengewicht sind sie bruchgefährdet.

Wer will, kann seine Lieblinge auch überwintern. Im Herbst werden die Knollen aus der Erde genommen und trocken in Zeitungspapier gelagert. Auch kleine Knollen können so über den Winter gebracht werden und blühen im nächsten Frühjahr vielleich noch nicht so üppig wie gewohnt. Aber nichtsdestotrotz, mit den Jahren werden auch diese Knollen größer, und damit auch der oberirdische »Sprössling«. Im Frühjahr werden die Knollen vor dem Legen gründlich gewässert und in die Erde gesetzt. Achten Sie darauf, dass die »Delle« an der Knolle im Pflanzsubstrat nach oben zeigt.

Ein warmes, windstilles Plätzchen würde auch dem **Edellieschen** sehr gefallen. Wenn dann noch reichlich Wasser und Nährstoffe angeboten werden, läuft das Neu-Guinea-Lieschen zur Hochform auf. Über und über erscheinen große orangefarbene Blüten und die Triebe breiten sich willig über den Kastenrand aus. Die hier verwendete Freilandsorte 'Tango' ist äußerst robust und bedarf keiner außerordentlichen Pflege.

Die Begonie 'Dragon Wings' und die Neuguinea-Impatiens 'Tango' kommen nicht nur im Schatten sehr gut zurecht.

Der **Gundermann** ist der ideale Partner für die schatten liebenden Blütenpflanzen. Die Triebe mit den weiß-grünen panaschierten Blättern wachsen umso stärker, je sorgfältiger Wasser und Dünger nachgereicht werden. Es ist keine Seltenheit, dass der Gundermann ein bis zwei Meter aus dem Blumenkasten hängt. Wenn er den Boden erreichen sollte, beginnt er sogleich Wurzeln zu schlagen und holt sich dort Nährstoffe und einen festen Halt. Der Gundermann gehört sicher zu den pflegeleichten Strukturpflanzen, die ohne viel Aufwand zuverlässig bis in den Herbst hinein ihre natürliche Schönheit behalten.

Die Party kann beginnen

Mit Champagner und Lachshäppchen kann die Sommerparty beginnen. Wie eine nie enden wollende Quelle sprudeln champagnerfarbene Blüten aus dem Blumenkasten. Große gefüllte Einzelblüten dominieren das Geschehen. Beeindruckt von der Schönheit, kann man sich kaum satt sehen und fühlt sich wie in einem Champagnerbad. Die Stimmung wird zunehmend ausgelassener.

Lachs und Kaviar

Wunderbar fügen sich die lachsorangefarbenen »Häppchen« ins Bild. Sie sind nicht bloß Garnierung, sondern zuverlässige Partner für eine ganze Sommersaison. Aus dem Hintergrund strahlen kräftige Elatior-Begonien und an vorderster Front erlangen die gefüllt blühenden Lieschen höchste Anerkennung und viel Applaus. Der Mottenkönig vervollständigt die Partygesellschaft und zeigt sein ausdauerndes Stehvermögen.

1 **3 x Begonie *(Begonia*-Hybriden, Elatior-Begonien) 'Charisma lachsorange', lachsorange**

(2) 2 x Fleißiges Lieschen (*Impatiens*-Hybriden) Fiesta Olé 'Salmon', lachs

(3) 1 x Mottenkönig *(Plectranthus forsteri)*, grün-weißes Blatt

(4) 2 x Begonie *(Begonia*-Knollenbegonien-Gruppe) 'Champagner', champagnerfarben

Wie Sie pflanzen

Die Leitpflanzen in diesem Blumenkasten sind sicherlich die verschiedenen Begonienarten. Besonders auffällig präsentieren sich die überhängenden champagnerfarbenen **Knollenbegonien**. Die gefüllten Blüten sind nicht nur von überwältigender Schönheit, sondern geben der Pflanze auch den landläufigen Namen »Champagner-Lilli«. Gepflanzt werden die beiden Pflanzen jeweils an das Kastenende, sodass der kaskadenförmige Wuchs nach vorne und zur Seite erfolgen kann. Zwischen diesen außerordentlichen Schönheiten sind die noch wenig bekannten lachsorangen **Elatior-Begonien** zu finden. Die Charisma-Sorten werden neben dem Lachsorange in den Farben Scharlachrot, Tiefrosa und Rosa angeboten. Die Pflanzen werden etwa 30 Zentimeter hoch, sind stark verzweigt, äußerst reichblühend und robust, somit bestens geeignet für den Balkonkasten. Die **Fleißigen Lieschen** müssen in der vorderen Reihe gepflanzt werden, um sich entsprechend präsentieren zu können. Die neuen Sorten erblühen zu einem Meer von doppelt gefüllten »Blütenröschen«. Die dankbaren Blüher gibt es jetzt in vielen leuchtenden Farben bis hin zur Mehrfarbigkeit. Mit der Sortenserie »Fiesta« oder »Cameo« können Sie sich die reiche Farbenauswahl nach Hause holen. Für unsere Zusammenstellung wurde Fiesta Olé 'Salmon'

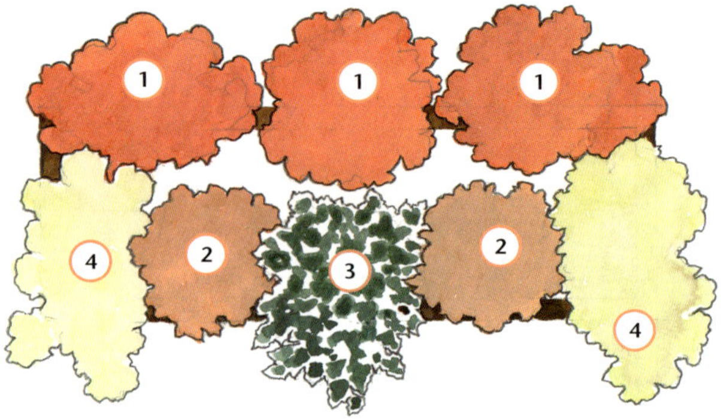

Pflanzplan zu Seite 48/49 für einen Kasten mit 100 cm Länge und 20 cm Breite.

ausgewählt, weil die lachsorangen Blüten wie geschaffen sind für die »Champagnerparty«. Als weitere Besonderheit präsentiert sich der **Mottenkönig**, der die Strukturen des Blumenkastens mitgestalten will. Robust und zuverlässig wird er sein weiß/grünes Blattwerk entwickeln, um auch dann noch Zierde zu sein, wenn sich viele »Balkongäste« bereits verabschiedet haben. Der Mottenkönig duftet nach Weihrauch, daher auch sein zweiter Name »Weihrauchpflanze«.

TIPP

Was Sie auch nehmen können
Statt Mottenkönig eine *Lobelia erinus* Laguna 'Compakt Blue with Eye'.

Wie Sie pflegen

Eigentlich kennen wir die **Elatior-Begonien** als ideale Zimmerpflanzen. Mit der Charisma-Sortenserie steht uns diese Art auch für den Balkonkasten zur Verfügung. Besonders wohl fühlen sich die Eliator-Begonien an einem warmen, windgeschützten Schattenplätzchen. Aber die Pflanzen sind erstaunlich wetterfest und tolerieren heiße Tage ebenso, wie längere Regenperioden. Freilich kann sich der Pflegeaufwand nach Schlechtwetterperioden erhöhen, doch die Pflanzenschönheiten bleiben uns im Regelfall bis in den Herbst hinein erhalten.

Die gefüllten **Fleißigen Lieschen** sind dankbare Blüher. Von Mai bis Oktober begeistern sie mit ihren traumhaften Blüten in einer breiten Farbpalette. Voraussetzung dafür ist allerdings eine regelmäßige Wasserversorgung. Wenn die Düngung bis zum Ende der Saison durchgeführt wird, ist das Durchblühen bis zu den ersten Frösten gesichert. Grundsätzlich sind die neuen Sorten und Züchtungen ebenso pflegeleicht wie ihre älteren Geschwister.

Der **Mottenkönig** ist das Paradestück für Zuverlässigkeit und Robustheit. Bekanntlich gedeihen die Pflanzen in voller Sonne besonders kräftig, aber auch in schattigen Bereichen wird er unentwegt neue Triebe bilden. Zur Standardpflege gehören Düngen und Gießen, Schädlinge oder Krankheiten kennt der Mottenkönig nicht.

Die gefüllten Blüten des Fleißigen Lieschens entwickeln ein Meer von Blütenbällen, die wie kleine Röschen wirken.

Die hier verwendeten **Knollenbegonien** sind neu. Die Pflege orientiert sich an den bekannten Sorten. Nach Möglichkeit nicht dem Wind und Wetter aussetzen. Obwohl die Triebe sehr flexibel und anpassungsfähig sind, besteht mit fortschreitendem Alter Bruchgefahr. Dünne hölzerne Stützstäbchen können Abhilfe schaffen, ohne die optische Wirkung zu stören. Mit dem ersten Tau auf den Blättern muss im Spätsommer auf Befall mit Echtem Mehltau geachtet werden. Ansonsten sollten Sie immer darauf achten, dass die Blätter trocken in die Nacht gehen.

Feuriger Blütenzauber fern der Sonne

Blutrot, Purpur und Karmin, dazwischen dunkellila Farbtupfer, entfalten einen unverwechselbaren Blütenzauber. Voller Temperament vereinen sich Blüten und Blattzeichnungen in leidenschaftlicher Hingabe. Eine seltsame Energie umgibt den Schattenplatz und wird fühlbar, wie eine heiße Sommernacht in Madrid.

Extravagante Laubfärbung

In diesem Blumenkasten bilden durchwegs zuverlässige Blüher eine Gemeinschaft, aber die Strukturpflanze übernimmt eine für sie ungewöhnliche Leitfunktion. Die extravagante Laubfärbung – samtig purpurn, schwarzrot gerandet mit karminroter Aderung – wird zum magischen Blickfang. Es entsteht eine wunderbare Verbindung aus kräftigen Farben, die dem gesamten Blumenkasten einen Hauch von Exotik verleiht.

1 **3 x Fleißiges Lieschen *(Impatiens-Hybriden)* 'Firefly Red', rot**

Was Sie brauchen

② 2 x Buntnessel *(Solenostemon scutelarioides,* Syn.: *Coleus-*Blumei-Hybriden) 'Wizard Velvet Red', samtig dunkelrot

③ 2 x Fuchsie *(Fuchsia-*Hybriden) 'Dollarprinzessin', Krone rot, Kelchblätter dunkellila, gefüllt

④ 1 x Fleißiges Lieschen *(Impatiens-*Neuguinea-Hybriden, Edellieschen) Paradise 'Martinique', karminrot

Wie Sie pflanzen

In diesem Blumenkasten dominiert das temperamentvolle Rot. Eine herausragende Stellung nehmen dabei die **Buntnesseln** ein. Aufgrund der Wuchsform gehören die sie sicherlich in die hintere Reihe gepflanzt. In unserem Beispiel sind sie allerdings etwas nach vorne gesetzt und erhalten damit eine sehr zentrale Position. Gepflanzt werden kräftige Jungpflanzen mit reichlichen Seitentrieben. Scheuen Sie sich nicht, die Buntnessel noch bei der Pflanzung leicht zu stutzen, damit entwickeln sich die Pflanzen buschiger und bleiben kompakt. Für unseren speziellen Balkonkasten ist eine Sorte mit samtig, schwarzroten Blatträndern, die zur Blattmitte hin karminrot mit dunkler Aderung auslaufen, gewählt worden.

In dieses fantastische Farbenspiel passt genau das kräftige Rot der kleinblumigen **Fleißigen Lieschen**, die in der hinteren Reihe zu finden ist. Sie erreicht zwar nicht ganz die Höhe der Buntnessel, aber der kugelige Pflanzenaufbau fügt sich harmonisch in das Gesamtkonzept. Darüber hinaus ergeben die zahllosen Einzelblüten eine einzigartige Blütenfülle.

In der Mitte der vorderen Reihe stehen die karminroten Paradise-Neuguinea-Impatiens. Dieses **Edellieschen** entwickelt nicht nur viele große Einzelblüten, sondern blüht zuverlässig bis in den Herbst hinein. Der Pflanzenaufbau

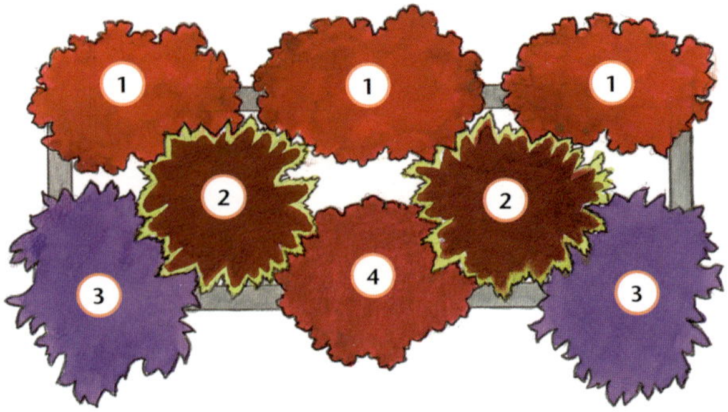

Pflanzplan zu Seite 52/53 für einen Kasten mit 100 cm Länge und 20 cm Breite.

bleibt auch bei starker Verzweigung fast kugelig, ganz im Gegensatz zu den am Kastenrand gepflanzten **Fuchsien**. Die hängend wachsende Sorte 'Dollarprinzessin' besitzt rote Kelch- und wunderschön lilafarben gefüllte Kronblätter. Die Sortenwahl richtet sich hier hauptsächlich nach der gewünschten Farbe und dem Wuchscharakter. Fuchsien haben diesbezüglich sehr viel zu bieten. Im deutschsprachigen Raum werden etwa 2000 Sorten kultiviert.

TIPP

Statt Neuguinea-Impatiens bringt ein Männertreu *(Lobelia erinus)* Laguna 'Compact Blue with Eye' einen willkommenen blauen Farbtupfer in dieser Kastengestaltung.

Wie Sie pflegen

Die **Fleißigen Lieschen** sind Stecklings-Impatiens mit unzähligen kleinen Blüten. Noch sind sie mehr auf Freilandbeeten zu finden, als im Balkonkasten. Keiner weiß so recht warum! Am Pflegeaufwand kann es nicht liegen, da sie nicht mehr verlangen, wie zum Beispiel die hier ebenfalls verwendeten **Edellieschen**. Reichlich Wasser und Dünger sind die besten Voraussetzungen für eine prachtvolle Pflanzenentwicklung. Bei Trockenheit lassen sie alle Triebe schlapp nach unten hängen, stehen aber wieder auf, wenn sie gewässert werden. Die Firefly-Lieschen, übrigens auch die Edellieschen, können nach der Balkonsaison auf dem Fensterbrett überwintert oder neue Stecklinge entnommen und wieder bewurzelt werden. So bleiben die Pflanzen scheinbar ewig erhalten.

Die **Buntnesseln** sind sehr pflegeleichte und dankbare Strukturpflanzen. Besonders im Schatten und Halbschatten erweisen sich die Buntnesseln als sehr wüchsig und laufen erst gar nicht Gefahr, einen Sonnenbrand zu erleiden. Wenn die Pflanzen zu hoch werden, scheuen Sie sich nicht, den Mitteltrieb einzukürzen. Der Pflanzenaufbau profitiert davon.

Fuchsien gehören zu den klassischen Schatten liebenden Balkonpflanzen. Um sie bei Blühlaune zu halten, ist es unerlässlich, die Pflanzen regelmäßig mit Nährstoffen und Wasser zu versorgen. Dabei empfiehlt es sich, Nährsalze zu verwenden, die kalibetont zusammen gesetzt sind. Um Blühpausen so kurz wie möglich zu halten, werden verblühte Blüten oder schon entwickelte Fruchtansätze entfernt. Bei dieser Gelegenheit sollte auf Pilz- und Schädlingsbefall kontrolliert werden. Grauschimmel oder Rostpilze treten verstärkt auf, wenn die Pflanzen geschwächt oder unzureichend versorgt sind. Eine gewisse Anfälligkeit gegenüber Weißer Fliege, Roter Spinne und Blattläusen ist zu beobachten.

Wieder voll im Trend: Die Buntnesseln mit ihren wunderbar kontrastreichen Laubfärbungen.

Kulinarischer Hochgenuss für die Sinne

Kräuter und Gemüse erobern den Balkonkasten und lassen sich dabei gerne mit jedem Blumenkasten messen. Und wer trotz allem noch mehr »Flowerpower« braucht, der darf sich nicht scheuen, die eine oder andere Sommerblume in den Nutzkasten zu integrieren. Süße Erdbeeren, rote Cocktailtomaten und scharfer Paprika schmecken nicht nur ausgezeichnet, sondern haben auch ihren besonderen Reiz für das Auge. Man ist schon fast wieder geneigt, die Früchte wegen ihrer Schönheit nicht zu ernten.

Naschen erwünscht

Die dekorative Wirkung der Kräuter, wie Salbei, Oregano, Thymian oder Basilikum, wird vielfach geschätzt. Umso schöner, wenn es frische Kräuter aus dem eigenen Anbau zu ernten gibt. Oft ist es der würzige Duft von Lavendel oder Rosmarin, der den Balkon in einen vollkommenen Garten für die Sinne verwandelt.

Was Sie brauchen

1. 1 x Dill *(Anethum graveolens)*
2. 1 x rotstielter Mangold *(Beta vulgaris)* 'Feurio'
3. 1 x Paprika *(Capsicum annuum)* 'Redskin'
4. 4 x Zuckermais *(Zea mays)*
5. 1 x Tomate *(Lycopersicon esculentum)*, 'Yellow Canari', gelb
6. 1 x Currykraut *(Helichrysum italicum)* 'Weißes Wunder', gelbe Blüte, silbergraues Blatt
7. 1 x Tomate *(Lycopersicon esculentum)* 'Red Robin', rot
8. 1 x Studentenblume *(Tagetes tenuifolia)* leuchtend gelb, 'Lulu',
9. 1 x Männertreu *(Lobelia erinus)* Temptation 'Skyblue', blau
10. 1 x Erdbeere *(Fragaria × ananassa)* 'Fragoo'
11. 1 x Rosmarin *(Rosmarinus officinalis)*

12 1 x Lavendel *(Lavandula angustifolia)* 'Hidcote Blue'

13 1 x Thymian *(Thymus vulgaris)*

14 1 x Zitronenthymian *(Thymus × citriodorus)* weiß-grünblättrig

15 1 x Mittagsblume *(Gazania*-Hybriden) 'Daybreak Red Stripe', gelb mit roten Streifen

16 1 x Basilikum *(Ocimum basilicum)*

17 1 x Oregano *(Origanum vulgare)*

18 1 x Kapuzinerkresse *(Tropaeolum majus)* 'Red Wonder', rot

Wie Sie pflanzen

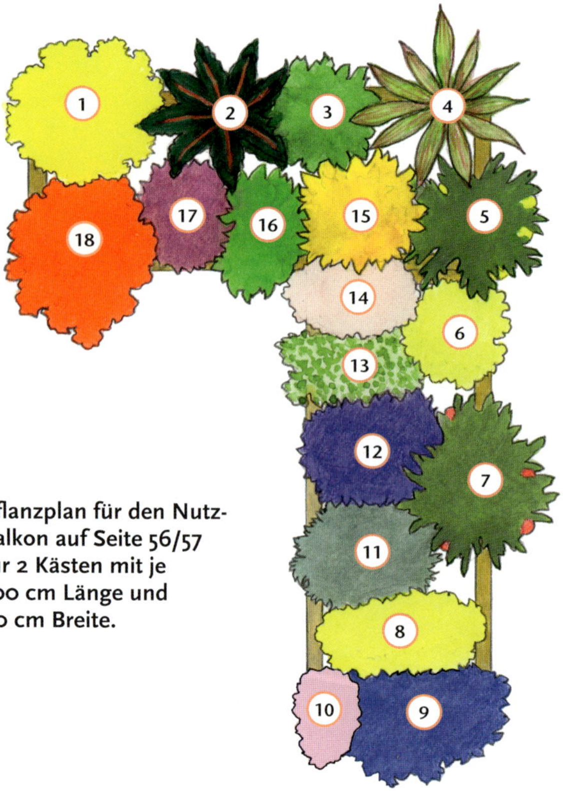

Pflanzplan für den Nutzbalkon auf Seite 56/57 für 2 Kästen mit je 100 cm Länge und 20 cm Breite.

Auch auf dem kleinsten Balkon gibt es Platz für den eigenen Gemüsegarten. Bei richtiger Standortwahl zeigen viele bunte Kräuter und geschmackvolle Vitaminspender, was in ihnen steckt. Der Großteil unserer Kräuter und Gemüsearten bevorzugt ein sonniges und nach Möglichkeit geschütztes Plätzchen. Je heller und sonniger, desto früher und ertragreicher werden in der Regel die Ernten ausfallen. Am besten eignen sich Südwest- bis Südostlagen. Bei Dauerschatten oder bei Standorten, die dem Regen stark ausgesetzt sind, fühlen sich Kräuter und Gemüse weniger wohl. Oft genügt es schon, den »Gemüsekasten« am Balkongeländer nicht nach außen, sondern nach innen zu hängen.

Kräuter nach vorne setzen

Gepflanzt wird in Torfsubstrate, ähnlich denen der Blumenkästen, also Einheits- oder normale Pflanzerde.

Die Anordnung der Gemüse- und Kräuterpflanzen unterliegt neben pflanzenbaulichen auch gestalterischen Gesichtspunkten. Die hoch wachsenden Leitpflanzen werden in den hinteren Bereich, niedrige oder Polster bildende Arten in die vordere Reihe gesetzt. Damit ist sichergestellt, dass die Pflanzen ausreichend Licht und den notwendigen Lebensraum im Balkonkasten erhalten. Als grobe Richtlinie kann gelten: eine Pflanze pro zehn Zentimeter Balkonkasten.

In unserem sommerlichen »Nutzgarten« ist der **Zuckermais** mit seinem hoch aufstrebenden Wuchs die Leitpflanze. Zuckermais kann im Balkonkasten bis zu einem Meter hoch werden und setzt damit ein optisches Richtmaß. Alle anderen Pflanzen werden so gesetzt, dass sie sich nicht gegenseitig beschatten. Direkt daneben wird der **Balkonpaprika** 'Redskin' gepflanzt. Seine Schoten reifen von grün nach rot und schmecken angenehm mild. Als besonders attraktiv erweist sich der rot gestielte **Mangold**. Diese Gemüseart kann auch mit weniger Licht noch sehr gut umgehen und ist schon deshalb in der hinteren Reihe bestens plaziert. Der **Dill** wird in derselben Reihe an den Kastenrand gesetzt. Besonders dekorativ wird dieses einjährige Würzkraut, wenn sich die Blütendolden gelb einfärben.

In unserer »Gemüsekiste« dürfen **Buschtomaten** keinesfalls fehlen. Die Sorten 'Red Robin' und 'Yellow Canari' sind dabei ideale Partner. Beide wachsen sehr kompakt und bringen eine reiche Ernte an aromatischen roten und gelben Früchten. Nichts schmeckt doch besser als eine wirklich reif geerntete Tomate!

Auch im Nutzkasten braucht man auf »Flower Power« nicht zu verzichten.

Für Gaumen und Auge

Ein weiteres Highlight im Nutzkasten sind die immer tragenden Balkon-Erdbeeren. Die roten Früchte verführen geradezu zum Naschen. Nicht zu übersehen sind die ständig vorhandenen rosafarbenen Blüten, die für den weiteren Vitamin-Nachschub sorgen.

In der vorderen Reihe sind die würzigen Kräuter und Sommerblumen bunt gemischt. Am äußersten Rand blüht die blutrote **Kapuzinerkresse** und legt die grünen runden Blätter über den Kastenrand. Am anderen Ende des Kastens finden der **Männertreu** und die **Gewürz-Tagetes** ihren Platz. Direkt im warmen »Sonneneck« vor dem Mais und der Buschtomate leuchten die großen gelben, rot gestreiften Blüten der **Mittagsblume** aus dem grünen Blattwerk. Dazwischen bieten sich genügend Möglichkeiten, um würzige Kräuter zu pflanzen. Vorgesehen sind mehrjährige Arten wie Basilikum, Lavendel und Origano. Aber auch Rosmarin und Thymian sowie das Currykraut sind gepflanzt. Die wunderbaren Duftmischungen von frischen Zitronen **(Zitronenthymian)**, würzigem **Currykraut** und süßem **Lavendel** erwecken angenehme Urlaubserinnerungen. Besonders am Abend oder nach einem warmen Regen werden die feinen Düfte den ganzen Balkon verzaubern.

Wie Sie pflegen

Düngen – Wässern – Ernten

Der **Zuckermais** benötigt für kräftiges Wachstum regelmäßige Düngergaben und ausgeglichene Substratfeuchtigkeit. Zu starke Hitze hemmt das Pflanzenwachstum. Bis zum Sommer werden ein bis zwei Kolben pro Pflanze erntereif. Mais kann roh verspeist oder je nach Geschmack mit Kräutern und Butter verfeinert gegrillt, gedünstet und gekocht werden. Die **Buschtomaten** müssen erfreulicherweise nicht aufgebunden oder ausgegeizt werden. Bei starkem Fruchtbehang verbessert ein kurzer Stab die Standfestigkeit der Pflanzen. Tomaten bevorzugen ein warmes und windstilles Plätzchen, am besten in voller Sonne und geschützt vor Regen. Schon beim Gießen sollten Sie darauf achten, dass die Blätter trocken bleiben, um Pilzkrankheiten vorzubeugen.

Die **Tomaten** wollen regelmäßig gedüngt und gewässert werden. Starke Schwankungen in der Wasserversorgung können nämlich zum Aufplatzen der Früchte führen. Die roten und gelben Früchte werden möglichst vollreif geerntet, da sie dann am besten schmecken. Tomaten lassen sich in frischen Salaten, Saucen und Suppen vorzüglich zubereiten. Die Ansprüche der **Paprika** sind denen der Tomate sehr ähnlich. Dies gilt sowohl für den Standort als auch für die Düngung und Wasserversorgung. Im Balkonkasten werden die buschig wachsenden Sorten bevorzugt, denn damit erübrigt sich das Aufleiten der Triebe. Die ersten Blüten an der Pflanze werden noch entfernt, um einen guten Pflanzenaufbau zu erzielen. Später nicht mehr, schließlich will man ja die grünen oder roten Schoten auch ernten.

Der rot gestielte **Mangold** entwickelt bei reichlichem Wasser- und Düngerangebot besonders kräftige fleischige Stiele. Geerntet werden immer die äußeren Blätter, da der Zuwachs von der Mitte aus erfolgt. Die geschnittenen Blätter welken sehr schnell, daher wird am besten immer frisch geerntet und sofort zubereitet.

Den filigranen **Dill**trieben bietet man am besten einen Bambusstab. Locker gebunden, erhöht sich die Standfestigkeit sichtlich. Die fein gefiederten Blätter geben Gurken, Salaten und Saucen den letzten Pfiff.

Die **Kapuzinerkresse** ist nicht nur eine liebenswerte Blütenpflanze, sondern auch ein inte-

TIPP

Tomaten nie über das Laub gießen, sonst droht Kraut- und Braunfäule.

ressantes Würzkraut. Blätter und Blüten verfeinern Salate mit pikantem Kressegeschmack. Neben der regelmäßigen Wasserversorgung reichen der Kapuzinerkresse gelegentliche Düngergaben.
Einen besonderen Leckerbissen bieten die immer tragenden **Erdbeeren**. Die roten süßen Früchte reifen am besten in voller Sonne. Bei regelmäßiger Versorgung mit Wasser und Nährstoffen bleiben die Erdbeeren lange im Ertrag.

Selbst gezogene Kräuter können direkt vom Balkon oder der Terrasse aus frisch auf den Tisch kommen.

Auf reichlich Licht achten

Der **Rosmarin** benötigt viel Sonne und Wärme, darüber hinaus etwas Nahrung und reichlich Wasser, aber Staunässe vermeiden. Die Pflanzen sind nicht winterhart, also vor den ersten Frösten einräumen und hell und kühl überwintern. Im Frühjahr wird umgetopft und zurückgeschnitten, damit die Pflanzen wieder in Form kommen. Rosmarin erhältsich auch getrocknet seine intensive Würzkraft.
Lavendel liebt die Sonne und das Licht. Längere Trockenperioden übersteht er besser als zu viel Wasser. Die Blätter würzen Fisch und Geflügel. Die Blütenstiele duften auch getrocknet und erfüllen den Wohnraum. Nach der Balkonsaison kann der Lavendel in den Garten gesetzt werden. Dort erweist sich diese wunderbare Staude als äußerst winterhart. Rechtzeitiger Rückschnitt nach der Blüte erhält den kompakten Pflanzenaufbau.
Der **Thymian** bevorzugt warme und trockene Standorte, etwas Wasser und kaum Dünger. Das aromatische Würzkraut passt vorzüglich zu Fleisch und Fisch. Der Zitronenthymian verbreitet einen frischen Zitronenduft. **Currykraut** ist nicht winterhart, deshalb wird Frostschutz empfohlen. Wird es im Balkonkasten zu trocken, zeigt dies zuallererst das **Basilikum**. Als sehr anspruchslos erweist sich der Dost, er verfeinert in der Küche Pizza, Fleisch und Suppen.

Winter ade

Auch wenn die Tage noch richtig kalt sein können, zeigen sich die ersten Frühlingsboten und täglich werden es mehr. Mit frischem Grün, den ersten zarten Blüten und einem neuen Duft lebt man förmlich auf und spürt die belebende Frühlingskraft.

Appetit auf Frühling

In strahlender Frühlingslaune zeigen sich die neuen Sorten der Akelei. Ihr zur Seite steht das zarte Kalmusgras und der lilafarbene Schöterich. Die absoluten Frühlingsstars sind die weißen Margeriten, die aus der Mitte dieses Kastens ein wahres Blütenmeer entfalten. Zart spitzt das rosafarbene Tausendschön hervor und zeigt seine großen, gefüllten Blüten. In dieser Pracht reihen sich ganz vorzüglich die blauen Stiefmütterchen ein und strahlen mit den anderen um die Wette. Mit Freude begrüßen wir den Frühling und sagen dem Winter endgültig Adieu.

Was Sie brauchen

1. **2 x Lakritz-Kalmus *(Acorus gramineus)* 'Variegata', gelb-grünes Blatt**
2. **2 x Schöterich (*Erysimum*-Hybride) 'Bowles Mauve', lila**

3 1 x Akelei *(Aquilegia caerulea)* Spring Magic 'Marine-Weiß'

4 2 x Stiefmütterchen *(Viola × wittrockiana)* Fancy 'Blau mit Auge'

5 3 x Frühlings-Margerite *(Leucanthemum hosmariense)*, weiß

6 2 x Tausendschön *(Bellis perennis)* 'Habanera Rosa'

Wie Sie pflanzen

Unser Frühlingskasten ist sehr dicht bepflanzt, weil der Zuwachs in dieser sehr kalten Jahreszeit noch sehr gering ist. Bei der Vorauswahl der Pflanzen wird genau auf die Wuchshöhe und die passende Blütenfarbe geachtet.
Für die hintere Reihe sind marine/weißfarbene **Akeleien** vorgesehen. Die Pflanzen werden etwa 40 Zentimeter hoch, sind sehr buschig und über und über mit Blüten besetzt. Meist hat der Gärtner zwei bis drei Pflänzchen in einen großen Topf gesetzt und damit die Wirkung der Akelei zu einen ganz außergewöhnlichen Frühlingsboten verstärkt.
Das gelbgrüne **Kalmusgras** sorgt für eine lockere Gesamtdarstellung. Die verspielte Wirkung von Gräsern sollte häufiger genutzt werden. Sie sind auch in diesem Beispiel ein ganz wichtiger gestalterischer Faktor.
Ganz außen zeigen sich die lilafarbenen Blüten des **Schöterich**. Die ersten Blüten sind bereits ab Mitte März geöffnet und blühen bis in den Mai hinein.
Gleiches gilt auch für die weißen **Frühlings-Margeriten**. Diese fantastischen Frühlingsblüher produzieren Blüten über Blüten über silbrigem Laub. Obwohl nur drei Pflanzen verwendet sind, wird die mittlere Pflanzebene in ein wahres Margeritenmeer verwandelt. Allein schon durch ihre Anwesenheit erhält der Kasten eine noble und ausgesprochen elegante Note.
Die tiefblauen **Stiefmütterchen**, die vorne gepflanzt sind, nehmen die Blütenfarbe der Akelei auf. Die großen dunkelblauen Blüten sind gleichzeitig ideale Partner für das rosafarbene **Tausendschön**. Die hier verwendete Sorte ist besonders großblumig und begeistert mit dicht gefüllten, feinen Strahlenblüten. Diese wunderbare farbliche Harmonie lässt sich nur erzielen, wenn die Pflanzen aufeinander abgestimmt sind. Es zeigt sich wieder einmal: Stiefmütterchen und Tausendschön sind bewährte Frühlingsklassiker mit wunderbaren Eigenschaften.

Pflanzplan zu Seite 62/63 für einen Kasten mit 100 cm Länge und 20 cm Breite.

Wie Sie pflegen

Der Pflegeaufwand für eine Frühlingsbepflanzung hält sich sehr in Grenzen. Die noch kühle Wetterlage konserviert die Pflanzen geradezu und erhält ihre Pracht für lange Zeit. In der kurzen Kulturzeit von zehn bis zwölf Wochen werden nur wenige Nährstoffe benötigt. Das neue Pflanzsubstrat bietet in der Regel ausreichend Nährstoffvorrat, um die Pflanzen in dieser Jahreszeit zu versorgen. Eine gezielte Nachdüngung ist nur dann sinnvoll, wenn besonders nährstoffbedürftige Pflanzen mit im Kasten stehen. In unserem Beispiel trifft dies für den Schöterich zu, der eine Extragabe an Dünger gut vertragen könnte.

Der Wasserbedarf im Blumenkasten ist stark von der Witterung abhängig. Im Frühjahr reicht meist ein wöchentliches Gießintervall aus, um die Pflanzen in vollem Umfang zu versorgen. Viele Frühlingspflanzen, so zum Beispiel die **Akelei**, bevorzugen ein gleichmäßig feuchtes Substrat, reagieren aber empfindlich auf zu viel Wasser. Der Wasserabzug in den Pflanzgefäßen muss unbedingt gewährleistet sein.

Das gelbgrüne **Kalmusgras** verträgt auch eine Periode mit weniger Wasser, aber dies natürlich nicht auf Dauer. Damit nimmt er eher eine Ausnahmeposition ein, weil mit anhaltender Trockenheit kaum ein Frühlingsblüher umgehen kann.

Dicht gepflanzt wirken die Frühlings-Stars am schönsten. Hier bestimmen Spring Magic-Akeleien das Bild, daneben wachsen Tausendschön der Serie Tasso, Purpurglöckchen und das Lungenkraut 'Raspberry Splash' mit geflecktem Laub.

Um die Schönheit der Bepflanzung sehr lange auf höchstem Niveau zu erhalten, empfiehlt es sich, verwelkte Blätter oder Blüten auszuschneiden. Dieser Aufwand lohnt sich bei allen Pflanzenarten, aber besonders bei den **Frühlings-Margeriten**, **Stiefmütterchen** und dem **Tausendschön**. Abgestorbene oder verblühte Pflanzenteile werden zuerst von Fäulnispilzen befallen und das regelmäßige Durchputzen beugt dem vor. Wenn später der Platz auf dem Balkon für die Sommerblumen benötigt wird, können unsere Frühlingsblüher in den Garten ausgepflanzt werden.

Frühlingsgrüße in warmen Farben

Die Tage werden länger, die Sonne lockt hinaus ins Freie. Auf dem Balkon gibt es endlich wieder etwas zu tun. Die ersten Frühlingsboten mit ihren warmen Farben wollen in den Blumenkasten gepflanzt werden, um die neue Jahreszeit zu begrüßen.

Unwiderstehlich charmant

Zwischen frischen Kalmusgräsern erheben sich die purpurroten Kugelprimeln und verzaubern jeden mit ihrem besonderen Charme. Die weißen Schaumblüten stehen schon in den Startlöchern und wollen ihre prächtigen Blütenkerzen nach oben schieben. Ganz vorne sitzen die orangen Stiefmütterchen und machen ein wahrlich frühlingshaftes Gesicht. Dazu gesellen sich die großen, goldgelben Kissenprimeln und die roten Knöpfe des Tausendschöns. Man spürt förmlich die gute Laune und den neuen Tatendrang.

Was Sie brauchen

1. **2 x Schaumblüte *(Tiarella wherryi)* 'Black Velvet', weiß**
2. **2 x Lakritz-Kalmus *(Acorus gramineus)* 'Variegata', gelb-grünes Blatt**
3. **2 x Kugelprimel *(Primula denticulata)* 'Rubin', rubinrot**
4. **2 x Tausendschön *(Bellis perennis)* 'Tasso Rot', rot**
5. **3 x Stiefmütterchen *(Viola × wittrockiana)* 'Fancy Tieforange', orange**
6. **2 x Kissenprimel *(Primula vulgaris)* 'Goldgelb'**

1
2
2
3
3
4
5
5
5
6
6

Wie Sie pflanzen

In diesem Frühlingsarrangement finden sich eine Reihe von alten Bekannten mit einigen wertvollen Besonderheiten zusammen. Zu diesen gehören sicherlich die neuen **Schaumblüten**. Die Sorte 'Black Velvet' entwickelt eine entzückende »Schaumkrone« aus beige-weißen Einzelblüten. Aber selbst ohne Blüten könnte man diese Art gut und gerne zu den Besonderheiten zählen, weil die zahlreichen ahornförmigen Blätter sehr markant gezeichnet sind. Die Pflanzen werden im Gefäß etwa 35 Zentimeter hoch, auf dem Beet ausgepflanzt sogar noch höher. Schon aus diesem Grund gehören die Schaumblüten in die hintere Reihe.
Seitlich davon findet das **Kalmusgras** seinen Platz und schafft einen wunderbaren Übergang zur **Kugelprimel**. Diese besondere Primelart zeigt im Frühjahr zuallererst ihre fantastischen rubinroten Blütenkugeln und entwickelt erst später neue Blätter. So kommt es nicht ungelegen, wenn das Kalmusgras zwar für ein wenig Grün sorgt und sein schützendes »Blätterkleid« über alles legt, aber trotzdem die fremden Blüten wunderbar zur Geltung kommen lässt.
In der vorderen Reihe sind viele gute Freunde versammelt. Aus der Mitte leuchten die orangefarbenen **Stiefmütterchen**. Die Sorte 'Fancy Tieforange' besitzt eine beeindruckende Farbwirkung, die kaum eine andere Sorte erreicht. Daneben gesellen sich die goldgelben **Kissenprimeln**. In aller Regel werden bevorzugt spät blühende Sorten verwendet. Ganz außen ist es das pomponblütige **Tausendschön**, das in kräftigem Rot leuchtet. Die Farbwahl von Gelb, Orange und Rot verbindet warme und leuchtende Frühlingsfarben und ist damit bestens geeignet, um dem Winter auf Wiedersehen zu sagen.

Pflanzplan zu Seite 66/67 für einen Kasten mit 100 cm Länge und 20 cm Breite.

TIPP

Kleinblumige Stiefmütterchen, zum Beispiel Hornveilchen, sind besonders witterungsstabil und reichblühend.

Wie Sie pflegen

Alle Pflanzen in dieser Frühlingsbepflanzung sind ausgesprochen robust und pflegeleicht. Eigentlich die ideale Pflanzenkombination für alle, die wenig Zeit für die Blumenpflege aufbringen können. Das Düngen während der ersten Monate des Jahres ist nicht notwendig. Das frische Pflanzsubstrat enthält ausreichend Nährstoffe, um die Versorgung der Frühjahrsschönheiten bis zum Mai zu gewährleisten.
Wer will, kann später die Schaumblüten gemeinsam mit den Kugelprimeln und dem Kalmusgras ins Staudenbeet versetzen und sich weiter daran erfreuen.
Zur routinemäßigen Pflegearbeit im Frühjahr gehört die Wasserversorgung der Pflanzen. Die meisten Frühlingsblüher bevorzugen ein gleichmäßig feuchtes Pflanzsubstrat. Mit zunehmend warmer und sonniger Witterung wird die Kontrolle immer wichtiger, da weder Trockenheit noch übermäßige Wassergaben toleriert werden. Trotzdem ist die Gießhäufigkeit in dieser Jahreszeit noch verhältnismäßig gering.
Die individuelle Pflanzenpflege beschränkt sich vorwiegend auf kosmetische Dinge. Bei der **Schaumblüte** werden nach der ersten Blüte vertrocknete Blütenstände abgeschnitten, um den wunderbaren Blattschmuck wieder in den Vordergrund zu stellen.

Die warmen und leuchtenden Blütenfarben begrüßen den Frühling.

Bei den **Kugelprimeln** werden vor der Pflanzung die gelben Blätter des Vorjahres entfernt, nach der Blüte die eingetrockneten Blütenstände abgeschnitten.
Die Schönheitspflege für die **Stiefmütterchen**, **Kissenprimeln** und **Tausendschön** reduziert sich auf das Abnehmen von verblühten Blüten und abgestorbenen Blättern. Wind- und Regenschutz verbessert besonders die Haltbarkeit der großen Einzelblüten.
Der **Kalmus** kennt kein schlechtes Wetter und ist auch dann noch attraktiv, wenn sich niemand darum kümmert.

Der Blütenfrühling ist erwacht

Mit der ersten Märzsonne erwacht der lang ersehnte Frühling. Der Schnee ist bereits auf dem Rückzug und in den Vorgärten blühen Tulpen, Schneeglöckchen und Narzissen in voller Pracht. Auf dem Balkon und der Terrasse halten die kräftigen Frühlingsfarben Einzug und laden ein, die Sonnenstrahlen zu genießen.

Buntes Treiben

Die gelbe Gämswurz erhebt sich zwischen den bernsteinfarbenen Purpurglöckchen. Die wunderbaren Blattschönheiten sind möglicherweise schon im Herbst gepflanzt worden. Die temperamentvollen roten Ranunkeln ziehen alle Blicke auf sich. Die großen Blüten entwickeln eine Leuchtkraft, die kaum zu überbieten ist. In der unteren Etage bildet der zierliche Ehrenpreis blaue Blütenpolster und umrahmt geschickt die goldgelben Kissenprimeln.

Was Sie brauchen

1. **3 x Purpurglöckchen *(Heuchera*-Hybriden) 'Amber Wave', bernsteinfarbenes Blatt**
2. **2 x Gämswurz *(Doronicum orientale)* 'Little Leo', gelb**
3. **3 x Ranunkel (*Ranunculus* × *asiaticus)* F_1 Bloomingdale 'Rot'**
4. **3 x Ehrenpreis *(Veronica peduncularis)* 'Big Blue', blau**
5. **2 x Primel *(Primula vulgaris)* 'Goldgelb'**

2
1
2
1
3
3
3
4
4
5
5

Wie Sie pflanzen

Pflanzplan zu Seite 70/71 für einen Kasten mit 100 cm Länge und 20 cm Breite.

Dieser Blumenkasten berücksichtigt den Wunsch nach kräftigen Frühlingsfarben. Strahlendes Gelb und Rot sind die leuchtenden Frühlingsbotschafter. Zur unverzichtbaren Neuheit hat sich die gelbe **Gämswurz** entpuppt. Die kleinwüchsige Sorte 'Little Leo' ist wie geschaffen für Balkon und Terrasse. Sehr kompakt und buschig, wird diese Sorte etwa 40 Zentimeter hoch. Genau richtig, um sich mit anderen Frühlingsblühern, zum Beispiel mit dem **Purpurglöckchen**, zu arrangieren. Beide Arten sind wegen ihrer Höhe für die hintere Reihe vorgesehen. Das winterharte Purpurglöckchen entwickelt im Frühjahr lange Blütenrispen, aber die eigentliche Zierde ist die zauberhafte Blattfärbung. Die Sorte 'Amber Wave' bildet zum Beispiel bernsteinfarbene Blätter. Ganz neu im Sortiment sind Karamell- und Ockertöne oder limettengrüne und lakritzschwarze Blattfärbungen. Die Auswahl wird immer größer und die Verwendungsmöglichkeiten vielfältiger. Nicht umsonst gehören diese Schönheiten zu den beliebten Blattschmuckpflanzen nicht nur für das Balkongefäß.

Für den absoluten Blickfang sorgen die **Ranunkeln**. Ihre großen roten Blütenbälle stellen sich wirkungsvoll vor den gelben Hintergrund und leuchten unaufhörlich. Ranunkeln bieten acht attraktive Frühlingsfarben, allein die Auswahl fällt schwer. Im Vordergrund zeigt der niedrige **Ehrenpreis** sein Können. Die unzähligen azurblauen Blüten formen ein echtes »Traumkissen«. Zumindest einen Frühling lang erscheinen Blüten über Blüten, die sogar über den Kastenrand hinaus wollen. Dazwischen leuchten goldgelbe **Primeln**, altbekannte Klassiker, wie immer bestens gelaunt. Wählen Sie spät blühende Sorten, um die Blütenpracht lange zu genießen.

TIPP

Statt *Primula acaulis* können Sie auch eine andere Primelart verwenden, etwa eine Stängelprimel in Gelb oder Rot.

Wie Sie pflegen

Gelbe Gämswurz und die roten Stängelprimeln sind sehr bewährte Frühlingsboten.

Die natürliche Blütezeit des **Gämswurz** ist im April. Durch die geschickte Kultur beim Gärtner erscheinen die Blüten um bis zu vier Wochen früher, gerade rechtzeitig für die Eröffnung der Frühlingssaison. Die Gämswurz gehört zu den nährstoffbedürftigen Pflanzen, was aber den Pflegeaufwand nicht sonderlich erhöht. Die frische Erde im Balkonkasten bietet zunächst ausreichend Nährstoffe, eventuell ist später ein Nachdüngen sinnvoll. Werden die Tage wärmer, erhöht sich der Gießaufwand.
Das **Purpurglöckchen** kann dem nur beipflichten. Der Sorte 'Amber Wave' wäre ein schattiges Plätzchen lieber, aber die noch tief stehende Sonne nimmt sie dann doch gerne in Kauf. Was die Frosthärte betrifft, erweisen sich die dunkellaubigen Sorten als etwas robuster gegenüber den helllaubigen. Dennoch sind diese Blattschönheiten äußerst unkompliziert und benötigen keine spezielle Pflege.
Die **Ranunkeln** sind diesbezüglich schon anspruchsvoller und bitten um mehr Beachtung. Grundsätzlich wollen sie reichlich mit Wasser versorgt sein. Kalte Tage werden noch akzeptiert, aber lang anhaltende Spätfröste sind nicht erwünscht. Hier empfiehlt sich das Abdecken mit Zeitungspapier oder einem »Vlies-Umhang«. Vorzugsweise werden Ranunkeln nahe am Haus oder an windgeschützten Plätzen gepflanzt, um Frostschäden zu vermeiden.
Der **Ehrenpreis** ist da schon widerstandsfähiger und entwickelt Blüten über Blüten. Nur anhaltende Trockenheit könnte ihn stören und eine Blühpause einleiten.
Die **Primeln** würden selbst diese Situation noch sehr gut überstehen und geduldig auf das nächste Gießen warten, um dann das Laub und die Blüten wieder aufzurichten. Verblühte oder vertrocknete Blüten werden abgenommen und machen Platz für neue.

Ein Herbstfeuerwerk in leuchtenden Farben

Der Sommer hat Abschied genommen, die Sonne steht schon tief im Süden. Die Natur zeigt ihr allerschönstes Herbstgewand. Auf dem Balkon leuchtet ein Hauch von »Indian Summer«.

Wild und charmant

Orangegelbe Herbst-Chrysanthemen wirken wie weithin sichtbare Leuchttürme. Markant und majestätisch präsentieren sich die beliebten Klassiker zum Saisonausklang. Die kleinblumigen Hornveilchen sind wieder modern und erleben in diesen Tagen eine wahre Renaissance. Die fröhlich leuchtenden Blüten zaubern ein eindrucksvolles gelb-oranges Farbenmeer. Bronzefarbene Gräser passen genauso in diese warme Stimmung wie die rötlich auberginefarbenen Blätter der Salbeipflanzen. Der winterharte Efeu stellt den gebührenden Rahmen für diese meisterliche Herbstkombination.

Was Sie brauchen

1. **2 x Segge *(Carex comans)* 'Bronze Perfection', bronzefarbenes Blatt**
2. **1 x Küchensalbei *(Salvia officinalis)* 'Purpurescens', auberginefarbenes Blatt**

3 2 x Herbst-Chrysanthemen *(Dendranthema*-Indicum-Hybriden) 'Vulkan', orangegelb

4 2 x Hornveilchen *(Viola cornuta)* F_1 'Pure Yellow' und 3 x Patiola 'Tangarine'

5 2 x Efeu *(Hedera helix)* 'Glacier', dunkelgrün-weißer Blattrand

Wie Sie pflanzen

Hier zeigen sich die herbstlichen Farben im allerschönsten Licht. Bronzefarbene Gräser, gelbe und orange Blütenfülle und auberginefarbenes Blattwerk zaubern eine herbstliche Balkonatmosphäre.
Aufgrund seiner Größe und dem sehr buschigen Aufbau wird der buntlaubige **Salbei** in der Mitte der hinteren Reihe gepflanzt. Hier bringt er seine weichen samtigen Blätter wunderbar zur Geltung. Ganz außen findet das charmante Seggen-Gras den passenden Platz. Feinlaubig und grazil, sind Gräser die idealen Partner im Balkonkasten.
In der Herbstpflanzung dürfen **Herbst-Chrysanthemen** eigentlich nicht fehlen. Ganz bewusst ins Kastenzentrum gerückt, werden die orangegelben Sorten zu absoluten Superstars erhoben. Diese Blütenpracht und enorme Leuchtkraft kann keiner überbieten. Vielerorts genießen die Chrysanthemen hohes Ansehen und werden mit alter Tradition verbunden In Japan verehrt man sie als die »kaiserliche Nationalblume«.
Beim Kauf der Herbst-Chrysanthemen sollten Sie darauf achten, dass die Pflanzen nicht voll erblüht sind. Knospige Pflanzware entwickelt sich auch auf Ihrem Balkon noch prächtig.
Größter Beliebtheit erfreuen sich die vielblütigen **Hornveilchen**. In unserem Blumenkasten erfolgt die Pflanzung wechselweise in den Farben Gelb und Orange. Die farbliche Abstimmung zur Herbst-Chrysantheme ist dabei durchaus beabsichtigt.
Der **Efeu**, am Kastenrand gepflanzt, rundet diese Blumenkombination erst richtig ab. Schön verzweigt bleibt er auch während der Wintermonate erhalten. Im März werden kurzerhand die freien Pflanzlücken mit Frühlingsblühern bunt gefüllt, eine gelungene Ergänzung!

Pflanzplan zu Seite 74/75 für einen Kasten mit 100 cm Länge und 20 cm Breite.

TIPP

Die Auswahl der Herbst-Chrysanthemen ist nahezu grenzenlos. Ihre Farbpalette lässt kaum Wünsche offen.

Wie Sie pflegen

Der Lichtbedarf der verwendeten Pflanzen ist sehr unterschiedlich. Die Herbst-Chrysanthemen hätten am liebsten so viel Licht wie irgend möglich. Der Efeu bevorzugt eher den halbschattigen oder schattigen Platz. Die tief stehende Sonne im Herbst wird glücklicherweise beiden Ansprüchen gerecht. Nur bedenken Sie, dass im schattigen Bereich das Aufblühen der Herbst-Chrysanthemen langsamer erfolgt. Das Abblühen und somit die Blühdauer verlängert sich.

Die ganz pflegeleichten Vertreter in diesem Blumenkasten sind wie so oft die Strukturpflanzen. Der **Salbei** ist durchaus winterhart, solange er nicht trocken steht oder das Substrat für längere Zeit durchfriert. Das kräftige **Seggen**-Gras hat ebenfalls gute Chancen, die kalte Jahreszeit zu überstehen. Besonders wüchsig sind diese Gräser im leicht sauren Pflanzsubstrat, auch wenn die Toleranz bezüglich der Pflanzerde sehr groß ist. Der **Efeu** fordert keine spezielle Pflege. Die weiß gerandeten Blätter sind auch im Frühjahr noch sehr attraktiv. In den kalten Wintermonaten, vor allem wenn Barfröste die Natur beherrschen, kann eine Abdeckung mit Reisigzweigen wertvolle Dienste leisten.

Die **Herbst-Chrysanthemen** sind nur bedingt winterhart. Während der Blütezeit fordern sie nur ausreichend Wasser. Obwohl die Chrysanthemen zu den stark zehrenden Pflanzen gehören, wird im Herbst grundsätzlich »Diät« und »Zurückhaltung« verordnet. Verblühte Blumen werden regelmäßig ausgeschnitten, um die optische Wirkung lange zu erhalten.

Die **Hornveilchen** sind dagegen wertvolle Dauerblüher ohne besondere Ansprüche. Mit dem Wintereinbruch verliert sich die Blütenpracht und man muss sich schon bis zum nächsten Frühjahr gedulden, bis wieder neue erscheinen. Bei Bedarf können schon vorher einige Pflanzen ausgetauscht und ergänzt werden.

In der Herbstpflanzung dürfen Herbst-Chrysanthemen nicht fehlen. Es gibt sie in vielen warmen Farbtönen.

Herbstliches Blütenfinale

Die Sommerblumen sind erschöpft und die Kübelpflanzen wollen sich an einen geschützten Ort zurückziehen. Im Balkonkasten bleibt nur Tristesse – weit gefehlt! Bunt belaubte Stauden und herbstblühende Pflanzen bitten zum großen Blütenfinale und sorgen auch im Herbst für allerbeste Stimmung.

Erstaunlich robust

Rot geaderte silbrig-moosgrüne oder glänzende mahagonifarbene Blätter treffen sich zum großen Stelldichein. Die rosafarbenen »Gartengirls« sind der Einladung liebend gerne gefolgt. Wie erwartet wird das Heidekraut zum Mittelpunkt und absoluten Superstar. Das zauberhafte Alpenveilchen bleibt bis zum ersten Frost und feiert mit auf diesem Abschiedsfest. Die kriechende Hornnarbe sorgt für enzianblaue Blütenstimmung. Gefeiert wird bis zum ersten Schnee, dann gehen auch die letzten Blüten schlafen. Das bunte Laub bleibt noch länger.

Was Sie brauchen

1. **2 x Heidekraut *(Calluna vulgaris)* Gartengirls 'Anette', rosa**
2. **3 x Purpurglöckchen *(Heuchera-Hybriden)* 'Green Spice', moosgrün-silbriges Blatt, rot geadert**

(3) 1 x Alpenveilchen *(Cyclamen persicum)* Canto F_1 'Salmon', lachs mit violettem Auge

(4) 2 x Bleiwurz *(Ceratostigma plumbaginoides)*, blau

(5) 2 x Günsel *(Ajuga reptans)* 'Elmblut', mahagonifarbenes Blatt

Wie Sie pflanzen

Die Herbstbepflanzung erfolgt nach bewährter Vorgehensweise. Bei der Pflanzenauswahl stehen natürlich solche im Vordergrund, die lange ihre Blühkraft bewahren oder sogar den Winter überstehen. In unserem Beispiel sind es vorwiegend mehrjährige Stauden, die berücksichtigt werden. Einzige Ausnahme ist das **Alpenveilchen**, aber selbst diese zarte Herbstschönheit wird uns für lange Zeit erfreuen. Grundsätzlich sollten Sie nur kräftige und abgehärtete Pflanzen verwenden, weil nur diese auch eine echte Chance haben, den Winter unbeschadet zu überstehen. Kontrollieren Sie schon beim Pflanzen, ob die Wurzeln gesund und zahlreich vorhanden sind. Als Pflanzerde verwenden Sie am besten eine gärtnerische Einheitserde. Hier sind Tonmineralien und Nährstoffe bereits zugemischt.
In der hinteren Reihe unseres Pflanzschemas fühlen sich die **Purpurglöckchen** sichtlich wohl. Gepflanzt wird so, dass auch das **Heidekraut** noch ausreichend Platz findet. Die neuen Sorten sind so genannte »Knospenblüher«, die aufgrund ihrer außergewöhnlichen Haltbarkeit den Vorzug erhalten. In der vorderen Reihe ist am linken und rechten Rand der kriechende **Günsel** vorgesehen. Als zuverlässiger Bodendecker übernimmt diese Art hier Aufgaben einer Hängepflanze. Im Frühjahr entwickelt der

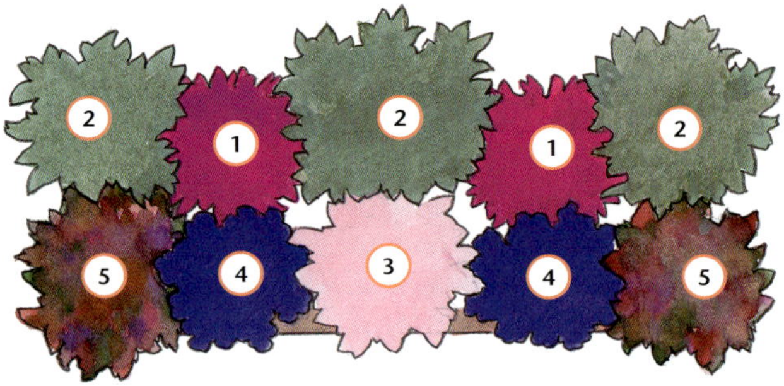

Pflanzplan zu Seite 79/80 für einen Kasten mit 100 cm Länge und 20 cm Breite.

Günsel eine Vielzahl von wunderschönen azurblauen Blütenkerzen über dem glänzenden mahagonifarbenen Laub.
Die **Bleiwurz** blüht schon ab September und zeigt ihre faszinierenden Blüten. Die Kombination von dunkelblauen Einzelblüten über dem rötlich gefärbten Herbstlaub wird zum echten »Hingucker«. Geschützt inmitten dieser Kastengemeinschaft entwickelt sich das rosafarbene **Alpenveilchen**, das noch viele Blüten bis zum Wintereinbruch hervorbringen wird.

TIPP

Kürbisse in verschiedenen Formen und Farben passen in jeden Herbstkasten und sorgen für Stimmung.

Wie Sie pflegen

Die herbstliche Pflanzenpflege im Balkonkasten ist erfreulicherweise mit wenig Aufwand verbunden. Der Zuwachs der Pflanzen ist gering und der benötigte Nährstoffbedarf ist über die Grunddüngung des frischen Substrates gesichert. Zusätzliche Düngemaßnahmen sind nicht empfehlenswert, weil die Pflanzen mit dem Wachstum abschließen und widerstandsfähig in den Winter gehen sollen.

Das wichtigste Augenmerk gehört der Wasserversorgung. Keinesfalls vertragen die Pflanzen zu viel Wasser. Kontrollieren Sie deshalb schon bei der Pflanzung, ob der Wasserabzug im Kasten gewährleistet ist. Der Großteil unserer Herbstpflanzen bevorzugt ein gleichmäßig feuchtes Pflanzsubstrat. Trockenheit, genauso wie das Durchfrieren des Pflanzsubstrates, ist mit erheblichen Qualitätsverlusten verbunden.

Grundsätzlich kann das **Heidekraut** den Winter auf dem Balkon überstehen. In frostigen Zeiten empfiehlt es sich, das Pflanzgefäß mit einem Mantel aus Strohmatten, Styroporplatten oder Noppenfolie zu schützen. Tannen- und Fichtenreisig helfen das oberirdische Zurückfrieren unserer Stauden zu verhindern. Auf diese Art und Weise sind selbst die krautigen Pflanzen, wie zum Beispiel das **Purpurglöckchen** oder der **Günsel**, sehr gut für den Winter vorbereitet. Gleiches gilt auch für die **Bleiwurz**. Im Frühjahr kann, wenn notwendig, vertrocknetes Pflanzenmaterial zurückgeschnitten und der neue Austrieb angeregt werden.

Symbole für den Herbst: Heidekraut und Kürbisfrüchte.

Das nicht winterharte **Alpenveilchen** wird nur bis zum ersten Frost seine Schönheit bewahren. Bis dahin verhält es sich absolut pflegeleicht. Wer mag, kann vereinzelt abgeblühte Blüten auszupfen oder ein gelbes Herbstblatt entfernen. Der freie Platz lässt sich später mit selbst gestalteten Strohmännchen oder Windspielen besetzen.

Blütenspektakel zum Saisonausklang

Die Tage werden merklich kürzer, am Morgen liegen die zarten Nebelschleier noch in den Wiesen. Die Sonne hat schon etwas Mühe, sich zu behaupten. Kein Zweifel, der Herbst ist nahe und malt die Natur in neuen Farben. Auch auf dem Balkon und der Terrasse beginnt jetzt die Zeit der Veränderung. Die Herbstpflanzung veranstaltet das letzte Blütenspektakel dieser Saison.

Lust auf Duft

Blau und Weiß sind die hier bevorzugten Farben, kühl und elegant in ihrer Wirkung, aber einfach wunderbar anzusehen. Blauer Lavendel verbreitet seinen aufregenden Duft. Als wilde Naturschönheit stellt sich der Felberich vor. Rötlich färben sich die Spitzen der Euphorbien und bilden einen märchenhaften Hintergrund für die zierlichen Mini-Alpenveilchen. Die Stiefmütterchen machen, wie gewohnt, ein freundliches Gesicht. So darf der Herbst kommen, mit Blüten und Blättern wie in einem Gedicht.

Was Sie brauchen

1. **2 x Mandelblättrige Wolfsmilch *(Euphorbia amygdaloides)* ‘Efanthia’, grünes Blatt mit rötlicher Herbstfärbung**
2. **1 x Schneefelberich *(Lysimachia fortunei)* ‘Autum Snow’, weiß**
3. **2 x Lavendel *(Lavandula angustifolia)* ’Hidcote Blue’, blau**
4. **4 x Stiefmütterchen *(Viola × wittrockiana)* Fama ‘Blau mit Auge’**
5. **3 x Alpenveilchen *(Cyclamen persicum)* Libretto F_1 ‘Weiß mit Auge’, weiß mit rotem Auge**

1
2
1
3
3
5
5
4
4
4
4

Wie Sie pflanzen

In diesem Herbstarrangement haben die Blütenpflanzen ein deutliches Übergewicht. Besonders auffällig sind die herrlich weißen Blütenkerzen des **Schneefelberichs**. Gemeinsam mit dem tiefblauen **Lavendel** gestaltet er eine äußerst noble Blütengesellschaft. Achten Sie beim Kauf der Duftpflanze darauf, dass nur *Lavandula angustifolia* frosthart ist. Alle anderen Arten benötigen einen hellen und kühlen Überwinterungsplatz. Unsere Sorte 'Hidcote Blue' entfaltet vorzugsweise in den warmen Mittagsstunden einen aromatischen Duft und sorgt dafür, dass ungebetene Schädlinge fern bleiben. Zuweilen werden getrocknete Blüten in Kleiderschränke gelegt, um beispielsweise Motten abzuwehren.

In der vorderen Reihe sind sieben Pflanzen relativ dicht gesetzt. Diese große Anzahl ist aber durchaus notwendig, um eine gewisse Fülle in der »Unterpflanzung« zu erreichen. Die Libretto-**Alpenveilchen** sind Miniaturpflanzen, sehr zierlich, blühwillig und mit einem angenehmen frischen Zitronenduft. In unserem Pflanzbeispiel wurde die Sorte 'Weiß mit Auge' ausgewählt, um die farbliche Verbindung zum Felberich herzustellen. Zudem korrespondiert das »purpurrote Auge« hervorragend mit der rötlichen Herbstfärbung der **Euphorbien**. Direkt vor dem Lavendel zeigen sich die tiefblauen

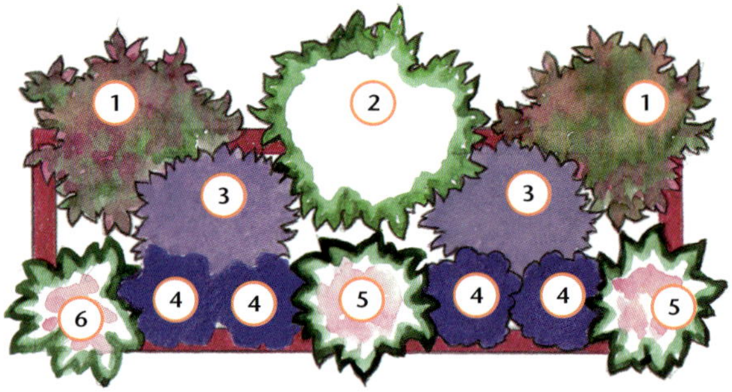

Pflanzplan zu Seite 82/83 für einen Kasten mit 100 cm Länge und 20 cm Breite.

Stiefmütterchen. Die eindrucksvollen Farben unterstreichen geschickt die blauen Lavendelblüten und das Alpenveilchen. Darüber hinaus produzieren sie eine Vielzahl von mittelgroßen regenfesten Blüten.

In dieser Farbenpracht zeigen nur die **Wolfsmilch**-Pflanzen keine Blüten, dafür aber eine wunderschöne herbstliche Rotfärbung der Blattspitzen. Noch gelten sie als Strukturpflanze, aber im Frühjahr entwickeln auch sie hellgelbe Blütenstände.

TIPP

Auch in der kalten Jahreszeit behutsam gießen, sonst droht Frosttrockenheit.

Wie Sie pflegen

Die Herbstbepflanzungen sind generell sehr pflegeleicht. Natürlich wollen auch in dieser Jahreszeit die Balkonpflanzen gegossen werden. Aber im Herbst reduziert sich dieser Aufwand auf ein erträgliches Maß und eine Automatisierung wäre eigentlich purer Luxus. Eine Nachdüngung ist nicht vorgesehen, weil die Grunddüngung unseres Pflanzsubstrates alles Notwendige parat hält. Zudem würde zu viel Dünger die Wintertauglichkeit unserer mehrjährigen Pflanzen stark beeinträchtigen.
Kosmetische Pflege ist bei Blütenpflanzen durchaus willkommen. Dazu gehört, verblühte Blüten oder abgestorbene gelbe Blätter zu entfernen. Auf diese sehr praktische Art und Weise kann einem Befall von Fäulnispilzen vorgebeugt werden.
Der **Lavendel** liebt die Sonne und nimmt selbst Trockenheit nicht sonderlich übel. Nach der Blüte darf stark zurückgeschnitten werden, damit bleibt der Strauch kompakt und erhält sich ein jugendliches Aussehen.
Bei Herbstbepflanzungen mit wertvollen Stauden sollte auf Frostschutz nicht verzichtet werden. Achten Sie darauf, dass das Pflanzsubstrat nie vollständig einfriert. Frosttrockenheit überstehen nur wenige Pflanzen. In der kältesten Jahreszeit werden die Pflanzgefäße deshalb mit Stroh, Styropor oder Noppenfolie wintersicher

Auch herbstliche Blattschmuckpflanzen haben ihren Reiz.

gemacht. Die oberirdischen Pflanzenteile können unter »warmem« Vlies oder Reisigzweigen Schutz vor der Kälte finden. Starkem Zurückfrieren der Triebe kann damit wirkungsvoll vorgebeut werden.
Trotz allem werden die nicht winterharten Pflanzen, wie beispielsweise das **Alpenveilchen**, früher oder später eine Lücke hinterlassen. Die Blütenpracht der übrigen Pflanzen wird sich in den Winterschlaf verabschieden, aber im Frühjahr wieder neu regenerieren. Wer im Frühjahr neu pflanzen will, sollte nicht zögern, die mehrjährigen Arten ins Staudenbeet zu versetzen.

Praxis Balkonkasten

Gestaltungsregeln

Werden mehrere Kästen für den Balkon bepflanzt, muss auf ein harmonisches Gesamtbild geachtet werden. Dabei kann der Einzelkasten symmetrisch oder asymmetrisch gestaltet sein. Die Reihenfolge der Balkonkästen wird vorher festgelegt und verfolgt konsequent einen bestimmten Pflanzrhythmus.

Die Beachtung des Wuchscharakters ermöglicht die Gestaltung der Kästen in verschiedenen Höhen und Tiefen. Üblicherweise werden hohe, aufrecht wachsende Arten in der hinteren Pflanzreihe platziert. In den Pflanzlücken davor sind die niedrig wachsenden Pflanzen vorgesehen und am Kastenrand die Hängepflanzen.

Das Grundgerüst im Pflanzgefäß bilden die **Leitpflanzen**. In der Regel sind dies dominante Arten, die optische Akzente setzen oder die gewünschte Farbe vorgeben. Die **Beipflanzen** sind es, die mit farblichen Reizpunkten für Harmonie sorgen und eine abwechslungsreiche Höhenstaffelung im Kasten ermöglichen.

Grundsätzlich können **Hängepflanzen** sowohl die Aufgaben einer Leit- als auch einer Beipflanze erfüllen. Aber völlig unabhängig davon ermöglichen sie die kaskadenförmige Kastengestaltung und sorgen für einen herrlichen Blickfang.

Ein kleiner Tipp: Alle **bodendeckenden Beetpflanzen** am Kastenrand gepflanzt, wirken wie Hängepflanzen. Damit wird die Auswahl der Pflanzen mit hängendem Wuchscharakter deutlich vergrößert.

Balkonblumen bieten reichlich Farbe, die einen ganzen Farbkreis füllt.

Farben und Kombinationen

Bei der Gestaltung der Balkonkästen spielen Farben eine herausragende Rolle. Natürlich entscheidet letztlich der persönliche Geschmack, wobei der **Farbkreis** trotzdem wertvolle Hilfestellungen bieten kann.

Die sechs wichtigen Farbgruppen sind Gelb, Rot und Blau sowie die **Mischfarben** Orange, Violett und Grün. Die Kombinationen von eng ver-

wandten Farbtönen (Farbverlauf), wie zum Beispiel Goldgelb und Orange oder Blau, Blauviolett und Rot, sind eine Wohltat für die Augen. Diese **Ton-in-Ton-Kompositionen** sind durch farbliche Harmonie und Ausgewogenheit gekennzeichnet.
Im Gegensatz dazu erzeugen die »**Komplementärfarben**« starke Kontraste. Diese Farben stehen sich im Farbkreis genau gegenüber. Die klassischen Beispiele dafür sind Grün und Rot, Orange und Blau oder Gelb und Violett. All diese spannungsreichen Farbzusammenstellungen sind in ihrer Leuchtkraft kaum zu überbieten. Wer darüber hinaus auf Fernwirkung großen Wert legt, wird helle und leuchtende Farben wie Gelb, Orange und Rot mit berücksichtigen. Ebenfalls sehr kontrastreich gestaltet sich die Wirkung der warmen und kalten Farben zueinander. Innerhalb dieser Gruppen ergeben sich wiederum sehr harmonische Farbbilder. Mit dem farblichen »Dreiklang« lassen sich die unterschiedlichsten Wirkungen zaubern. Von zart, lieblich pastellfarben bis knallig bunt, fast jeder Wunsch kann erfüllt werden.

Der Balkoncheck

Bevor Sie mit der Bepflanzung beginnen, prüfen Sie die Lage Ihres Balkons. Die Auswahl der möglichen Pflanzen wird stark durch die Himmelsrichtung und die örtlichen Gegebenheiten bestimmt. Eine große Zahl der Balkonblumen bevorzugt helle und sonnige Standorte. Die **Süd-, Südwest- oder Südostlage** ist dafür bestens geeignet. **Ost- und Westlagen** bieten zumindest zeitweise Halbschatten. Aber besonders aus westlichen Richtungen muss mit starken Regenfällen und Wind gerechnet werden. Auf dem **Nordbalkon** oder an stark beschatteten Standorten gedeihen nur die Schatten liebenden Pflanzen.

Pflanzgefäße

Große Pflanzgefäße bieten mehr Platz für das Wurzelwerk. Je größer das Substratvolumen, desto ausgeglichener ist der Wasserhaushalt und die Nährstoffaufnahme im Wurzelraum. Damit ersparen Sie den Pflanzen viele kleine Stresssituationen. Letztendlich danken es die Pflanzen mit üppigem Wachstum und herrlicher Blütenpracht.
Sehr empfehlenswert sind **große Balkonkästen** mit einer Breite und Tiefe von jeweils 20 Zentimeter. Unabhängig davon, achten Sie immer auf sicheren **Wasserabzug.** Erfahrungsgemäß »ertrinken« die meisten Pflanzen im Pflanzgefäß und erholen sich dann nur mühsam. Um dies zu vermeiden, empfiehlt es sich, die

Praxis Balkonkasten

Einpflanzen Schritt für Schritt: Zunächst den Kasten mit Substrat füllen.

Schon beim Anstopfen auf gesunde, weiße Wurzeln achten.

Die Pflanzen anordnen und gut andrücken, zum Schluss gut angießen.

Wasserabzugsöffnungen auch während der Saison regelmäßig zu prüfen.
Wer ganz sichergehen will, kann im unteren Bereich der Pflanzkästen eine **Dränageschicht**, zum Beispiel mit Blähton einfüllen und so eine künstliche »Sicherheitszone« schaffen. Eine Vliesabdeckung zwischen Dränageschicht und Pflanzerde bitte nicht vergessen.

Pflanzsubstrate

Fertige Pflanzerden werden im Fachhandel zur Genüge angeboten. Die meisten Produkte sind für den Balkonkasten sehr gut geeignet. Unter dem Begriff »**Einheitserden**« erhalten Sie hochwertige Qualitätserde. Üblicherweise ist die Nährstoffversorgung für die ersten Wochen sichergestellt, sodass nicht sofort nachgedüngt werden muss.

Richtiges Pflanzen

Die Balkonpflanzen werden in der Regel im Plastiktopf erworben. Achten Sie beim Austopfen darauf, dass die Wurzeln auch wirklich gesund sind. Dies ist leicht an den weißen Wurzelspitzen zu erkennen. Bevor gepflanzt wird, empfiehlt es sich, ausgetrocknete Wurzelballen für einen Moment in ein Wasserbad zu tauchen. Achten Sie beim Einpflanzen auf eine einheitliche Pflanzhöhe. Am besten den Wurzelballen etwa zwei Zentimeter mit Substrat bedecken und kräftig andrücken. Pflanzen Sie nicht zu hoch, ansonsten werden Ihre Pflanzen immer Durst leiden. Zu tiefes Pflanzen kann dagegen Fäulnis am Wurzelhals verursachen. Ein **Gießrand** von zwei Zentimeter verhindert unliebsame »Überschwemmungen«.

Düngung

Bei einer Frühjahrs- oder Herbstbepflanzung ist die zusätzliche Nachdüngung meist nicht notwendig. Die **Grunddüngung** der Pflanzsubstrate ist absolut ausreichend, um in dieser Jahreszeit die Pflanzen bestens zu versorgen. Ganz anders liegt der Fall bei der Sommerbepflanzung. Hier entscheidet vor allem die Wasserversorgung und die **Nachdüngung** über die Schönheit der Balkonblumen. Bei Verwendung von Einheitserden beginnt die Nachdüngung etwa drei Wochen nach der Pflanzung.

Als grobe Richtlinie kann gelten: zehn Gramm Dünger (Nährstoffverhältnis 15:11:15) in einer Fünf-Liter-Gießkanne aufgelöst, reichen für einen Blumenkasten von einem Meter Länge. Insgesamt sind während der 15-wöchigen Sommerperiode circa 50 bis 75 Gramm Dünger pro laufenden Meter Balkonkasten zu verabreichen. Bei ungenügender Nachdüngung werden die Pflanzen nie ihre volle Blütenpracht erreichen und sich womöglich im Herbst schon frühzeitig verabschieden. Außerdem können Eisenmangelsymptome auftreten, die allerdings mit dem **Eisendünger** »Optifer« sehr erfolgreich behoben werden können.

Wer für die regelmäßige Düngung keine Zeit aufwenden

Das Mahl ist gerichtet: Balkonblumen wollen reichlich ernährt sein.

kann, mischt der Pflanzerde einen Langzeitdünger bei. Als Anhaltswert gelten hier fünf Gramm **Langzeitdünger** pro Liter Substrat, um den Nährstoffbedarf für mindestens drei Monate sicherzustellen. Die langsame Freisetzung der Nährstoffe erfolgt temperatur- und feuchtigkeitsabhängig. Ähnlich wie bei einer Nachdüngung mit Düngestäbchen oder Dünge-Tabletten.

Praxis Balkonkasten

Regelmäßiges Gießen ist unerlässlich. Beim Pflanzen den Gießrand beachten.

Wasserversorgung

Der Unterschied zwischen einer prachtvollen und einer wenig attraktiven Bepflanzung liegt oft am Pflege- und Versorgungszustand. An heißen Sommertagen können bis zu zehn Liter Wasser pro laufenden Meter Balkonkasten benötigt werden. Mit einmaligem Gießen kann diese Wassermenge unmöglich verabreicht werden. In solchen Fällen kann eine Gießhilfe oder eine automatische Bewässerungsanlage viel Arbeit ersparen.

Dem **Balkonkasten mit Wasservorrat** sieht man es zunächst von außen nicht an, dass hier mit doppeltem Boden gearbeitet wird. Über selbstansaugende Dochte oder Steinwollkeile wird das Wasser von unten nach oben in den Wurzelraum transportiert. Je nach Pflanzgefäß stehen im Wasserspeicher bis zu zehn Liter Wasser zur Verfügung. Diese Menge reicht üblicherweise aus, um ein verlängertes Wochenende oder die ganz heißen Tage des Jahres zu überstehen. Eine besonders intelligente Lösung bietet dabei der **»Gärtnerkasten«**. Gemeinsam mit einem so genannten **»Starterkasten«** können ganze Balkonfassaden automatisiert werden. Voraussetzung ist allerdings, dass alle Balkonkästen auf einer Ebene stehen und über Schlauchverbindungen verbunden sind.

Ein Balkonkasten mit Wasservorrat kann ein Wochenende überbrücken.

Automatische Systeme

Die **selbstregulierenden Tropfersysteme** reagieren ganz individuell auf den Feuchtegehalt der Pflanzerde. Die Wasserabgabe erfolgt drucklos und tröpfchenweise. Die Einzeltropfer können sehr bequem über Dosierregler an alle Gegebenheiten angepasst werden. Diese Systeme sind immer dann besonders vorteilhaft, wenn Pflanzgefäße mit unterschiedlichem Wasserbedarf versorgt werden, weil zum Beispiel die einen in der prallen Sonne, andere noch im Schatten stehen.

Tropfsysteme mit Magnetventil bieten eine vollautomatische Steuerung. Die Regulierung erfolgt über Substratfeuchtefühler (Tensiometer). Die Wassermenge wird über die Gießdauer und die Anzahl der Tropfer im Blumenkasten geregelt. Wer über keinen direkten Stromanschluss verfügt, kann auf einen einfachen Bewässerungscomputer mit Batterieversorgung zurückgreifen. Das Gerät wird direkt am Wasserhahn aufgeschraubt und kann mit Feuchtefühler oder als Zeitschaltuhr betrieben werden. Pro Tag sind mehrere Bewässerungsvorgänge möglich, und wer gerne möchte, kann zwischenzeitlich die Blumen- und Gemüsebeete, das Gewächshaus oder auch nur den Rasen wässern.

Blühpausen kurz halten

Viele Balkonblumen bilden nach der Blüte Samen und Früchte, was eine unerwünschte Blühpause oder -verzögerung einleiten kann. Regelmäßiges **Entfernen der abgeblühten Blüten** verhindert den Samenansatz, regt neues Wachstum an und fördert die Bildung neuer Blüten. Auf diese Art und Weise erfolgt eine ständige Erneuerung und die Pflanzen bleiben gut in Form.

Tropf-Blumat-Kerzen reagieren automatisch auf die Substratfeuchte.

Keine Last, sondern Vergnügen: Verblühtes ausschneiden oder ausbrechen.

Bezugsquellen

Das aktuelle Sortiment von Beet-und Balkonpflanzen erhalten Sie in allen gut sortierten Gärtnereien und Gartencenter.

Garten-Versandhandel

OBI@Otto
20088 Hamburg
Tel. 0180/5030033
www.OBI@OTTO.de

Gärtnerei Pötschke
Beuthener Sraße 4
41564 Kaarst
Tel. 02131/793-333
www.gaertner-poetschke.de

Dehner
86640 Rain am Lech
Tel. 09090/77-0
www.dehner.de
Bewässerungssysteme

Willi Goebel GmbH
Industriestrasse 4
59929 Brilon
Tel. 02961/9779-28
www.goebel-kunststoffe.de
(System Gärtnerkasten)

Tensio-Technik Edith Bambach
Peter-Spring-Str.18
65366 Geisenheim
Tel. 06722/972168
www.blumat.de
(Tropf-Blumat)

Wilhelm Haug GmbH
72119 Ammerbach
Tel. 07073/302-0
www.manna.de
(Manna-Sunshine Balkonkasten mit Wasservorrat)

Staudinger GmbH
Schönbühler Strasse 5
84180 Loiching
Tel. 08731/5069-0
www.staudinger-est.de
(Tropfbewässerung über Tensiometer)

Werkstätte für Behindete
Gartenstrasse 40
85354 Freising
Tel. 08161/53810
www.lebenshilfe-fs.de
(Tropfbewässerung über Tensiometer)

BeckmannKG
Simoniumstrasse 10
88239 Wangen/Allgäu
Tel.: 07522/6065
www.beckmann-kg.de
(Beta-8-System)

Gardena
Hans-Lorenser Str. 40
89017 Ulm
Tel. 0731/490123
www.gardena.de
(Gardena-System)

Wenninger KG
A-6410 Telfs/Tirol
Tel. 0043/5262-62435
(Tropf-Blumat)

Stichwortverzeichnis

Bildnachweis:

Innenteil:
Benary: 65, 95ul, 96ml
Borstell: 35, 51
Haas: 47
Kientzler: 61, 85, 95ol, 95mm, 95ul, 95ur, 96ol, 96om, 96or, 96mr, 96ul, 96um
Redeleit: 88, 90l, 90r, 910
Reinhard: 95om, 95mr, 96ur
Strauß: 1, 2, 7, 11, 15, 19, 23, 27, 31, 39, 43, 55, 59, 69, 73, 77, 81, 86, 89, 91ul, 91ur, 95or, 95ml, 96mm

Umschlagfotos:
Vordere Klappe/Außenseite:
Haas: mm, um, ur
Reinhard: om, ml, mr
Strauß: ol, or, ul

Vordere Klappe/Innenseite links:
Reinhard: mm, um, ur
Strauß: ol, om, or, ml, mr, ul

Vordere Klappe/Innenseite rechts:
Borstell: ml
GBA/Didillon: mr
Reinhard: or, ul
Strauß: ol, om, mm, um, ur

Hintere Klappe/Innenseite links:
Borstell: or
Haas: ur
Kientzler: ul, um
Strauß: ol, om, ml, mm, mr

Hintere Klappe/Innenseite rechts:
Kientzler: or, ml, mm
Redeleit: um
Reinhard: ol, mr
Strauß: om, ul, ur

Hintere Klappe/Außenseite:
Reinhard: ol, or, ml, mm, mr, ul, um
S&G Flowers: om
Strauß: ur

Grafiken:
Sylvia Bespaluk

Bibliographische Information der Deutschen Bibliothek

Die Deutsche Bibliothek verzeichnet diese Publikation in der Deutschen Nationalbibliographie; detaillierte bibliographische Daten sind im Internet über http://dnb.ddb.de abrufbar.

BLV Buchverlag GmbH & Co. KG
80797 München

Umschlaggestaltung:
Joko Sander Werbeagentur, München

Umschlagabbildung:
Vorderseite: IFA
Rückseite: Strauß

Layoutkonzept Innenteil:
Parzhuber und Partner, München

Lektorat: Dr. Thomas Hagen
Herstellung: Hermann Maxant

Satz: Uhl & Massopust, Aalen
Reproduktionen: Fotolito Longo, Bozen

Gedruckt auf chlorfrei gebleichtem Papier

Printed in Germany ·
ISBN 3-405-16762-0

Auf einen Blick – Frühlings- und Herbstpflanzen

Günsel
Ajuga reptans

Akelei
Aquilegia-Arten

Tausendschön
Bellis perennis

Heidekraut
Calluna vulgaris

Bleiwurz
Ceratostigma plumbaginoides

Alpenveilchen
Cyclamen persicum

Herbst-Chrysantheme
Dendranthema-Indicum-Hybriden

Gämswurz
Doronicum orientale

Schöterich
Erysimum-Hybriden

Auf einen Blick – Frühlings- und Herbstpflanzen

Mandelblättrige Wolfsmilch
Euphorbia amygdaloides

Frühlings-Margerite
Leucantemum hosmariense

Schneefelberich
Lysimachia fortunei

Primel
Primula-Arten

Ranunkel
Ranunculus × asiaticus

Küchensalbei
Salvia officinalis

Schaumblüte
Tiarella wherryi

Ehrenpreis
Veronica peduncularis

Stiefmütterchen, Hornveilchen
Viola × wittrockiana, V. cornuta